江苏高校优势学科建设工程资助项目
国家自然科学基金项目(41271445、40802061)资助
中国博士后科学基金项目(20080441081)资助
中国博士后科学基金特别资助项目(200902534)资助

矿山水害空间数据挖掘与知识发现的支持向量机理论与方法

闫志刚　著

中国矿业大学出版社

内 容 提 要

支持向量机是在统计学习理论基础上发展而来的一种通用学习机器,业已广泛应用于人工智能的各个领域,其在矿山空间数据挖掘与知识发现领域也具有良好的应用前景。为了便于读者阅读和解决实际问题,本书分为理论与应用两大部分,在理论部分对支持向量机的训练参数、核函数及核参数的选择进行了探讨,研究了多类支持向量机的分类问题。在应用部分,将理论部分的研究成果应用于矿井突水水源识别、突水评价与预测、突水数据挖掘与知识发现等领域。主要内容包括支持向量机的参数选择、多类支持向量机的分析模型、多类支持向量机的建模方法、矿井突水水源识别的支持向量机模型、矿井突水知识发现的支持向量机模型、矿井突水预测的粒子群支持向量机模型、矿井水害数据挖掘与知识发现系统等。

本书可供从事空间数据挖掘、矿井水文地质、数据分析、人工智能、决策支持等领域的科技工作者、研究生和本科生参考使用。

图书在版编目(C I P)数据

矿山水害空间数据挖掘与知识发现的支持向量机理论
与方法/闫志刚著. —徐州:中国矿业大学出版社,2018.10
ISBN 978 - 7 - 5646 - 2103 - 2

Ⅰ.①矿… Ⅱ.①闫… Ⅲ.①向量计算机-算法理论
-应用-矿山水灾-空间信息系统-数据收集 Ⅳ.
①TD745-39

中国版本图书馆 CIP 数据核字(2013)第255019号

书　　名	矿山水害空间数据挖掘与知识发现的支持向量机理论与方法
著　　者	闫志刚
责任编辑	潘俊成　孙建波
出版发行	中国矿业大学出版社有限责任公司
	(江苏省徐州市解放南路　邮编 221008)
营销热线	(0516)83885307　83884995
出版服务	(0516)83885767　83884920
网　　址	http://www.cumtp.com　E-mail:cumtpvip@cumtp.com
印　　刷	江苏凤凰数码印务有限公司
开　　本	787×960　1/16　印张 9　字数 216 千字
版次印次	2018 年 10 月第 1 版　2018 年 10 月第 1 次印刷
定　　价	36.00 元

(图书出现印装质量问题,本社负责调换)

前　言

矿井突水预测是一个涉及水文地质、工程地质、开采条件、岩石力学等诸多因素的复杂问题,仍是当前煤矿生产中亟待解决的重大课题,这已是有关学者的共识。尽管已经有不同的理论、不同领域的学者在矿井突水预测领域做了大量工作,并取得了丰富的成果,但随着科学理论和技术的发展,应用现代科学知识探索矿井突水灾害预测预警的新方法仍具有重要的理论意义和示范作用。

为了解决突水预报的难题,矿山企业联合有关科研单位实施了突水先兆信息的探测研究,积累了时空分布广泛的海量突水监测数据,但却陷入"数据爆炸但突水认识依旧贫乏"的局面,如何有效地利用这些信息,如何从杂乱的数据中发现有效的预测因子、挖掘有价值的突水知识日益成为当前突水预测的瓶颈。目前,各矿山生产单位越来越注重科技的应用,在地质构造探测、突水防治等方面的投入逐年增加,也积累了相当丰富的防治水实例,如何从突水实例中汲取教训,从未突水实例中总结经验,从中发现有用的突水防治知识是当前需要研究的新课题。

1994 年,在加拿大渥太华举行的 GIS 国际学术会议上,李德仁院士首次提出了从空间数据中发现知识的概念,随后他带领的研究团体把发现知识进一步发展为空间数据挖掘,系统地研究了相关的理论、技术和方法。空间数据挖掘旨在解决"空间数据海量而知识贫乏"的瓶颈问题,这对解决当前矿山水害预测的难题提供了新的理论与技术。笔者长期从事矿山灾害监测与空间信息处理的研究工作,得益于工作单位——中国矿业大学在矿业、测绘、地质等学科的优势资源,能够从空间信息技术、矿井水文、采矿工程、人工智能等多视角考虑矿井突水预测预警的难题,积极探索矿山灾害空间数据挖掘与知识发现的理论与技术。通过空间数据挖掘技术可以模拟突水预测由粗到精、由繁到简、由黑到白的认知过程,能交互式地探求突水机理。另外,空间数据挖掘更侧重于从原始数据中发现有价值的、可以理解的突水预测模式,而不是单纯地建立预测模型,这非常符合当前的突水预测需要。

笔者就如何科学地分析突水预测数据,发现有价值的预测知识进行了探索性的研究,初步建立了以支持向量机为核心的突水信息分析与预测的理论与技术体系,取得了若干创新性成果。在国内外公开发表了相关学术论文 20 多篇,其中被 SCI、Ei、ISTP 等三大检索机构收录 10 余篇。现将这些研究成果进行加工和系统化,汇集成一本较为系统的、可读性强、理论联系实践的著作。

本书共分为 8 章,第 1 章绪论,第 2 章支持向量机的推广能力分析与参数选择;第 3 章多类支持向量机基础,第 4 章多类支持向量机的改进,第 5 章基于支持向量机的矿井水源分析模型,第 6 章矿井突水分析与预测的支持向量机模型,第 7 章矿井突水预测系统的研制与应用,第 8 章为结论与展望。

本书先后获得江苏高校优势学科建设工程资助,国家自然科学基金项目资助(基于领域知识的矿山灾害感知数据时空演变过程的聚类模型及应用,41271445;基于支持向量机和流形学习的矿井突水数据挖掘与预测预警,40802061),中国博士后科学基金项目资助(基于空间数据挖掘与知识发现的矿井突水预测预警,20080441081),中国博士后科学基金特别资助(矿井突水监测信息的特征提取与知识发现,200902534),笔者对以上各方面的支持表示衷心的感谢!

笔者深知,本书所反映的研究工作虽然取得了一定进展,但是对于矿山灾害的监测与信息处理以及空间数据挖掘领域来说,其成果只是"沧海一粟"。尽管数易其稿,字斟句酌,成稿后又请不同学科的多位学者阅读,多次征求意见,集思广益,可是由于研究深度和水平所限,本书只能起到抛砖引玉的作用,书中难免存在疏漏和不足之处,敬请广大读者批评和指正。

希望本书的出版能促进支持向量机在我国各个应用领域的普及,以期能给相关领域的理论研究者和应用工作者提供一些思路和帮助。

著 者
2015 年 10 月

目　　录

第1章 绪 论

1.1 研究背景、目的及意义

随着矿山信息化建设的稳步推进,矿山地理信息系统(Mine GIS,MGIS)、数字矿山(Digital Mine,DM)[1]等概念日益深入人心。数字矿山的任务是在矿业信息数据仓库的基础上,充分利用现代空间分析、数据采矿、知识挖掘、虚拟现实、可视化、网络、多媒体和科学计算技术,为矿产资源评估、矿山规划、开拓设计、生产安全和决策管理进行模拟、仿真和过程分析提供新的技术平台和强大工具[2]。其中"矿山数据挖掘与知识发现技术"是数字矿山战略实施的10项关键技术之一[3]。

目前,多数矿山企业建立了自己的矿山地理信息系统,在数字矿山建设稳步推进的同时也积累了大量的矿山各类信息,如何高效利用这些信息服务于矿山安全生产,日益成为亟待解决的问题。本书以矿井突水监测信息的处理为切入点,将最新的机器学习方法——支持向量机(Support Vector Machine,SVM)应用于矿山空间信息处理中,研究矿山数据挖掘与知识发现的支持向量机理论与技术,为数字矿山的信息处理探索新的思路与技术方法。

矿井突水是煤矿水害的主要类型之一,常引发灾害性淹井事故,给国家造成重大的损失,同时也导致人员伤亡。矿井突水预测仍是当前煤矿生产中亟待解决的重大课题,这已是有关学者的共识。尽管已经有不同领域的学者在矿井突水预测领域做了大量工作,并取得了丰富的成果,但随着科学理论和技术的发展,应用现代科学知识探索矿井突水灾害预测预警的新方法仍具有重要的理论意义和示范作用。

本书以矿井突水灾害监测信息作为研究对象,对其加以有效处理与科学分析,将最新的SVM技术应用于矿山水害监测信息的空间数据挖掘与知识发现,以描述矿井突水的认知过程,探求其机理,这不仅对煤矿的安全高效生产具有重要的现实意义,而且可为其他矿山信息的处理开辟新的技术途径和提供范例。

本章的内容安排如下：首先概述 MGIS 的基础知识，然后对矿井突水信息处理的现状进行综述；接着重点介绍 SVM 的理论基础，为以后深入研究 SVM 理论做必要的铺垫；最后给出全书的研究思路与技术路线。

1.2 MGIS 和 DM 概述

MGIS 可以定义为采集、存储、处理、分析、综合利用矿山地质、测绘、采掘、通风、安全、管理等信息的技术系统，具有典型的空间特征。利用 MGIS 处理矿井多源、多时相的时空信息，并加以有效分析与综合利用，为矿山生产提供决策支持是当前矿山信息化建设的主要课题。

在 MGIS 理论研究方面，中国矿业大学做了开创性的工作，郭达志教授最早提出 MGIS 的概念，对其特点和研发技术路线等做过较系统的论述，并创新性地将遥感与 MGIS 技术集成应用于矿产资源开发和矿区资源环境保护等领域[1]；张大顺教授等出版了第一部关于 MGIS 应用的教材[4]；随后毛善君博士对 MGIS 的数据模型进行了深入研究[5]。在三维 MGIS 研究中，毕业于中国矿业大学的陈云浩博士提出了一种适合于矿山的三维数据模型[6]，后来吴立新教授带领的研究小组提出了矿山三维"类三棱柱"数据模型[7]，并使之实用化。另外，文献[8-10]从不同侧面描述了 MGIS 的数据表达。

MGIS 系统的研发始于 20 世纪 80 年代后期，以加拿大、澳大利亚、美国、英国为代表，陆续开发了像 LYNX、MineMAP、MineTEK、MineOFT、MineCAP、VULCAN、GeoQUET 和 DATAMSNE 这样一些代表性的矿山模拟和矿业应用软件系统，并在世界许多矿业大国获得应用。20 世纪 90 年代末，我国在 MGIS 软件研发上，尤其是地测信息系统开发与应用研究取得了重要进展，如北京大学的毛善君开发出了矿山测量图形管理信息系统（MCAD），煤炭科学研究总院西安分院的萨贤春等开发出了煤矿地测信息系统（MGS），中国矿业大学的吴立新研发了一套符合中国矿业特色的具有自主版权的 MGIS 基础软件平台（TT-MGIS2000）等。

随着 MGIS 理论研究的日益深入，软件平台的不断成熟，其应用领域越来越广，由最初的地测制图逐步发展到矿山安全、开拓、综采、通风等各个领域，为矿山信息化建设提供了理想平台。

DM 是在 MGIS 基础上的矿山信息化建设的更高阶段。DM 是对真实矿山整体及其相关现象的统一认识与数字化再现，是一个"硅质矿山"，是数字矿区和数字城市的一个重要组成部分。DM 的核心是在统一的时间坐标和空间框架下,科学合理地组织各类矿山信息,将海量异质的矿山信息资源进行全面、高效和有序的管理和整合。DM 最终表现为矿山的高度信息化、自动化和高效率,以至无人采矿和遥控采矿。

由于矿山空间信息的复杂性、海量性、异质性、不确定性和动态性以及多源、多精度、多时相和多尺度的特点,为了从矿山数据库中快速提取专题信息,发掘隐含规律,认识未知现象和进行时空发展预测等,必须研究高效、智能、透明、符合矿山思维、基于专家知识的空间数据挖掘技术。矿山空间数据挖掘与知识发现即是指从海量的矿山数据中挖掘和发现矿山系统中内在的、有价值的信息、规律和知识的过程。这些信息、规律和知识对矿山的安全、生产、经营与管理能发挥预测和指导作用。

本专著即是在 MGIS、DM 建设稳步推进过程中,其关键技术亟待解决的背景下展开的研究。

1.3　矿井突水预测分析方法综述

矿井突水评价及预报是一个涉及水文地质、工程地质、开采条件、岩石力学等诸多因素的复杂问题,它仍是当前煤矿生产中亟待解决的重大课题。众多学者从不同的侧面提出了一系列的评价预报方法,如斯列萨辽夫公式、突水系数法及“下三带”理论等[11]。但这些方法简化条件多或考虑的因素不够全面,仍未能深刻揭示各种影响因素与突水之间的关系,且在各种不同条件下应用也受到限制。20 世纪 90 年代以来,计算机在煤矿突水预测中的应用广泛开展,对多元突水信息的处理能力日渐增强,新兴的机器学习方法、多元信息处理技术在矿井突水预测中得到了应用。

目前,矿井突水的预测分析方法可分为两类[11]:泛决策分析理论和工程地质力学理论。应该说,工程地质力学分析是从根本上解释矿井突水的原因。最近,在矿井突水机理的研究上也取得了新进展[12-17],各研究者从不同侧面探寻矿井突水的工程力学模型,试图从根本上解决矿井突水预测的难题。但由于矿井突水原因复杂,对突水机理的解析几乎是不可能的或者是过分简化而不精确,因此,现有矿井突水的工程力学模型普适性差,只适合于特定问题的研究。

泛决策理论以系统论为基础,将矿井突水看作是一个复杂的人—地复合系统,内部各影响因素相互关联并耦合,其作用机理相当复杂,难以满足经典数学的处理要求。而一些软科学方法如决策论、模糊数学、随机理论、信息理论、专家系统、人工神经网络、非线性科学(非线性动力学分析、突变理论、混沌学)等对处理矿井突水问题非常独到,具有很强的生命力。当前,泛决策理论的分析方法大致有:灰色聚类法[18]、模糊综合评价法[19]、突水概率指数法[20]、模糊层次分析法[21]、人工神经网络法(Artificial Neural Networks,ANN)[22-23]、投影追踪降维法[24]以及非线性理论(突变理论、混沌学等)方法[25];在多元突水信息处理上,出现了专家系统[26]、基于 MGIS 的多元信息复合处理等方法[27]。这些方法在矿井突水预测中均取得了良好的应用效果,但由于影响矿井突水的因素众多,泛决策理论很难建立统一而有效的分析模型,并且由于决策信息的不完整和多噪声从而导致可信度低。

最近,基于机器学习的突水预测方法日益受到关注,代表性的方法有 ANN、SVM[28],与 ANN 比,而 SVM 更适合于小样本的识别问题,在预测精度上被证实一般要优于 ANN。下面对 SVM 的基础理论加以介绍。

1.4　SVM 理论基础

人的智慧中一个很重要的方面是从实例中学习的能力,通过对已知事实的分析总结出规律,预测不能直接观测的事实。在这种学习中,重要的是能够举一反三,即利用学习得到的规律,不但可以较好地解释已知的事例,而且能够对未来的现象做出正确的预测和判断。这就是我们所说的学习的推广能力(泛化能力)。

在人工智能研究中,我们希望机器也能具有上面所说的推广能力,它决定了机器学习能否真正走向实用,在这方面,统计学起着基础性的作用。但是传统的统计学所研究的主要是渐进理论,即当样本趋向于无穷大时的统计特性。在现实的问题中,我们所面对的样本数目通常是有限的,有时还十分有限,在矿山生产建设中的情况更是如此。但人们推导各种学习算法时,仍以样本数无穷多为假设,以为(希望)这样得到的算法在样本较少时也能有较好的(至少是可接受的)表现,但事实并非如此,神经网络中的过学习现象可以说就是一个典型的代表。

近年来,基于统计学习理论(Statistical Learning Theory,SLT)的 SVM 方法越来越引起人们的关注,成为机器学习、模式识别领域的研究热点。

1.4.1　统计学习理论的主要内容

结构风险最小归纳原理是统计学习理论提出的一种运用于小样本学习问题的归纳原理,它包括了学习过程的一致性、边界的理论和结构风险最小化原理等部分。它所提出的结构风险最小化归纳学习过程克服了经验风险最小化的缺点,实用中获得了更好的学习效果。下面就对此理论的一些主要内容进行介绍,主要来自于文献[31-38]。

1.4.1.1　边界理论与 VC 维

边界理论主要包含了两部分:一是非构造性边界的理论,它可以通过基于增长函数的概念获得;二是构造性边界的理论,它的主要问题是运用构造性的概念来估计这些函数。这里,主要研究的是后者。

VC 维,简而言之,它描述了组成学习模型的函数集合的容量,也就是说刻画了此函数集合的学习能力。VC 维越大,函数集合越大,其相应的学习能力就越强。

例如,对于二分类问题而言,h 是运用学习机的函数集合将点集以 2^h 种方法划分为两类的最大的点数目,即:对于每个可能的划分,在此函数集合中均存在一个函数 f_β,使得此函数对其中一个类取 $+1$,而对另外一个类取 -1。如果,取在 R^2(2 维实平面)上的 3 个点(图 1-1)[33],3 个点分别由"●(R)"、"▲(B)"、"■(P)"这 3 个图形符号来表示(也可以用图形符号旁的英文符号表示它们)。设函数集合 $\{f(\alpha,x)\}$ 为一组"有向线集合"。易知,3 个点最多可以存在 2^3 种划分:(RP,B)、(RB,P)、(PB,R)、(RPB,)、(B,RP)、(P,RB)、(R,PB)、(,RPB),其中二元组的第 1 项指示的是 $+1$ 类,二元组的第 2 项指示的是 -1 类。对于任意一个划分,我们均可以在函数集合中发现一条有向线对应之,如图 1-1 给出了所有的这 8 种对应。有向线的方向所指示的是 $+1$ 类,反向所指示的是 -1 类。另外,这样的函数集合无法划分 2 维平面中任意 4 个点。所以,函数集合的 VC 维等于 3。

1.4.1.2　推广误差边界

为构造适合于小样本学习的归纳学习机,可以通过控制学习机的推广能力来达到此目的。下面给出此类学习机的推广误差边界。

结构风险最小化的归纳学习过程克服了经验风险最小化的缺点,在实用中获得了较好的学习效果。统计学习理论给出了如下估计真实风险 $R(\alpha)$ 的不等式,即对于任意 $\alpha \in \Gamma$(Γ 是抽象参数集合),以至少 $1-\eta$ 的概率满足以下不

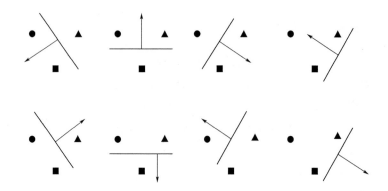

图 1-1 在 2 维平面中被有向线打散的三个点

等式：

$$R(\alpha) \leqslant R_{\text{emp}}(\alpha) + \psi\left(\frac{h}{l}\right) \tag{1-1}$$

其中：

$$\psi\left(\frac{h}{l}\right) \leqslant \sqrt{\frac{h\left(\log\frac{2l}{h} + 1\right) - \log\frac{\eta}{4}}{l}} \tag{1-2}$$

α 为学习机的广义参数，$R_{\text{emp}}(\alpha)$ 表示经验风险；$\psi\left(\frac{h}{l}\right)$ 称为置信风险；l 是训练样本个数；参数 h 称为一个函数集合的 VC 维。VC 维是反映学习机学习能力（复杂度）的参数，$\psi\left(\frac{h}{l}\right)$ 随 h 的增加而增加，可见，学习机的推广能力不但与经验风险有关，而且和学习机的复杂性有关。

VC 维很难求得，对于线性分类器，Vapnik 已经证明：

$$h \leqslant \|\omega\|^2 R^2 + 1 \tag{1-3}$$

其中，R 为包络训练数据的最小球半径。

机器学习过程不仅要使经验风险最小，还要使 VC 维尽量小，这样，对未来样本才会有较好的预测能力，这是结构风险最小化准则的基本思想。基于此，Vapnik 提出了结构风险最小化原则（Structural Risk Minimization，SRM）和一种实现它的通用学习算法，即 SVM。

1.4.1.3 结构风险最小化归纳原理

结构风险最小化归纳原理的基本想法是：如果要求风险最小，就需要不等式 (1-1) 中的两项相互权衡，共同趋于极小；另外，在获得的学习模型经验风险最小的同时,希望学习模型的推广能力尽可能大,这样就需要 h 值尽可能小,即置信风险尽可能小。

根据风险估计公式(1-1),如果固定训练样本数目 l 的大小,则,控制风险 $R(\alpha)$ 的参量有 $R_{\mathrm{emp}}(\alpha)$ 与 h。其中:

① 经验风险依赖于学习机所选定的函数 $f(\alpha,x)$,这样,我们可以通过控制 α 来控制经验风险。

② VC 维 h 依赖于学习机所工作的函数集合。为了获得对 h 的控制,可以将函数集合结构化,建立 h 与各函数子结构之间的关系,通过对函数结构的选择来达到控制 VC 维 h 的目的。具体做法如下:

首先,运用以下方法将函数集合 $\{f(\alpha,x),\alpha\in\Gamma\}$ 结构化。考虑函数嵌套子集的集合,如图 1-2 所示(Vapnik,1995)。

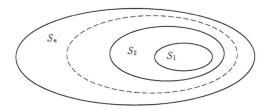

图 1-2　由函数的嵌套子集决定的函数的集合

$$S_1 \subset S_2 \subset \cdots \subset S_k \subset \cdots \subset S_n \cdots \tag{1-4}$$

其中,$S_k = \{f(\alpha,x):\alpha\in\Gamma_k\}$,并且有:

$$S^* = \bigcup_k S_k \tag{1-5}$$

结构 S 中的任何元素 S_k(或一个函数集合)拥有一个有限的 VC 维 h_k,且:

$$h_1 \leqslant h_2 \leqslant \cdots, \leqslant h_n \cdots \tag{1-6}$$

如果给定一组样本 $(x_1,y_1),(x_2,y_2),\cdots,(x_l,y_l)$,结构风险最小化原理在函数子集 S_k 中选择一个函数 $f(x,\alpha_l^k)$ 来最小化经验风险,同时,S_k 确保置信风险是最小的。

以上的思想就称为"结构风险最小化归纳原理"。为了进一步说明,请看图 1-3(Vapnik,1995)。已知一个嵌套的函数子集序列 $S_1,S_2,\cdots,S_n$,它们的 VC 维分别对应为 $h_1,h_2,\cdots,h_n$,而且有 $h_1 \leqslant h_2 \leqslant \cdots, \leqslant h_n$。图 1-3 中给出了真实风险、经验风险与置信风险分别与 VC 维 h 的函数变化关系曲线。显然,随着 h 的增加,经验风险 $R_{\mathrm{emp}}(\alpha)$ 递减,这是因为 h 增加,根据 VC 维的定义,对应的函数集合的描述能力增加,学习机的学习能力就增强,可以使有限样本的经验风险很快地收敛,甚至变为 0;根据式(1-1),置信风险 $\psi\left(\dfrac{h}{l}\right)$ 随着 h 的增加而增加。这样,真实风险 $R(\alpha)$ 是一个凹形曲线。所以,要获得最小的真实风险,就需要折中考虑经验风险与置信风险的取值。

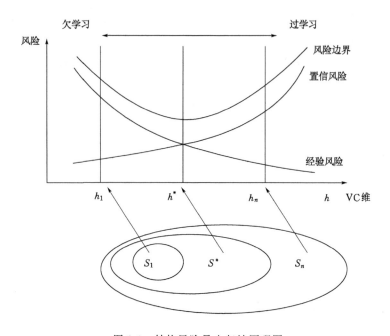

图 1-3   结构风险最小归纳原理图

根据这一分析,可以得到两种运用结构风险最小化归纳原理构造学习机的思路:

① 给定了一个函数集合,按照上面的方法来组织一个嵌套的函数结构,在每个子集中求取最小经验风险,然后选择经验风险与置信风险之和最小的子集。当子集数目较大的时候,此方法较为费时,甚至于不可行。

② 构造函数集合的某种结构,使得在其中的各函数子集均可以取得最小的经验风险(例如,使得训练误差为 0)。然后,在这些子集中选择适当的子集使得置信风险最小,则相应的函数子集中使经验风险最小的函数就是所求解的最优函数。SVM 采用的就是方法(2),下面将详细介绍。

1.4.2   支持向量机理论

下面,以 C-SVM(软间隔分类向量机)为例对支持向量机理论加以简介,为后续问题的展开做必要的铺垫。本部分内容主要来自于文献[31-38]。

对于线性可分的模式识别问题,就是找到一个可计算的识别函数 $y=f(x)$, $x\in R^n, y\in\{-1,1\}$,对于给定的 K 个样本 $(x_1,y_1),(x_2,y_2),\cdots,(x_k,y_k)$, $x\in R^n, y\in\{-1,1\}$,来找到一个可将样本分离的超平面(决策平面),即 $wx+b=0, w\in R^n, b\in R$,见图 1-4 所示。通过超平面将样本分为两类,对应的识别函数:

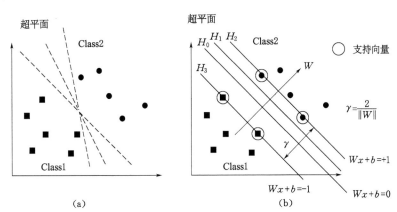

图 1-4　最优分类面示意图

$$f(x)=\text{sign}[(wx)+b] \tag{1-7}$$

决策平面应满足约束:

$$y_i[wx_i+b]>0, i=1,2,\cdots,k \tag{1-8}$$

许多决策平面都可以将两类样本分开,见图 1-4(a)所示,现在的问题是如何找到最优的分类超平面。

假定划分直线的法方向已经给定,如图 1-4(b)所示。直线 H_1 是一条以 W_1 为法向量且能正确划分两类样本的直线。显然这样的直线并不唯一,如果平行地向右上方或左下方推移直线 H_1,直到碰到某类训练样本点。这样,就得到了两条极端直线 H_2 和 H_3,在直线 H_2 和 H_3 之间的平行直线都能正确划分两类样本。显然,在 H_2 和 H_3 中间的那条直线 H_0 为最好。以上给出了在已知法向量 W 的情况下构造划分直线的方法,这样就把问题归结为寻求法向量 W 的问题。

假如此时 H_0 表示为 $w_0x+b_0=0$,因为其在中间,显然 H_2 可以表示为 $w_0x+b_0=k$, H_3 表示为 $w_0x+b_0=-k$,两边同时除以 k,令 $w=\dfrac{w_0}{k}, b=\dfrac{b_0}{k}$,则 H_0 表示为 $Wx+b=0, H_2$ 表示为 $Wx+b=+1, H_3$ 表示为 $Wx+b=-1$,这个过程称

为划分直线的规范化过程。此时,两条直线 H_2 和 H_3 之间的间隔为 $2/\parallel w \parallel$。对于适当的法向量,会有两条极端的直线,这两条直线之间有间隔,最优分类直线应该是使间隔最大的那个法向量所表示的直线。最优分类超平面应该使两类之间的分类间隔最大,也就是使 $2/\parallel w \parallel$ 最大,在求解时,计算 $\frac{1}{2}\parallel w \parallel^2$ 的最小值即可。因此可得到下面的最优化问题:

$$\left. \begin{aligned} &\min_{w,b}:\tau(w) = \frac{1}{2}\parallel w \parallel^2 \\ &\mathrm{s.\,t.\,}:y_i((w.x_i)+b)\geqslant 1, i=1,2,\cdots,k \end{aligned} \right\} \tag{1-9}$$

引入拉格朗日乘子 α_i,上式求解方程为:

$$\left. \begin{aligned} &\min_{w,b,a}:L(w,b,\alpha) = \frac{1}{2}\parallel w \parallel^2 - \sum_{i=1}^{k}\alpha_i(y_i(w.x_i+b)-1) \\ &\mathrm{s.\,t.\,}:y_i[(w.x_i)+b]\geqslant 1, i=1,2,\cdots,k \end{aligned} \right\} \tag{1-10}$$

对 w,b 求偏导,得到:

$$\left. \begin{aligned} &\sum_{i=1}^{k}\alpha_i y_i = 0 \\ &w = \sum_{i=1}^{k}\alpha_i y_i x_i \end{aligned} \right\} \tag{1-11}$$

将式(1-11)代入(1-10),得到:

$$Q(\alpha) = \sum_{i=1}^{k}\alpha_i - \frac{1}{2}\sum_{i=1}^{k}\sum_{j=1}^{k}\alpha_i\alpha_j y_i y_j(x_i \cdot x_j) \tag{1-12}$$

由优化理论中的对偶理论知,最小化式(1-10)等于最大化以约束拉格朗日乘子为变量的式(1-12),即:

$$\left. \begin{aligned} &\max:Q(\alpha) = \sum_{i=1}^{k}\alpha_i - \frac{1}{2}\sum_{i,j=1}^{k}\alpha_i\alpha_j y_i y_j(x_i \cdot x_j) \\ &\mathrm{s.\,t.\,}:0\leqslant \alpha_i, i=1,2,\cdots,k \\ &\sum_{i=1}^{k}\alpha_i y_i = 0 \end{aligned} \right\} \tag{1-13}$$

式(1-13)是一个凸二次规划问题,有全局最优解。求解得到最优解 $w = \sum_{i=1}^{k}\alpha_i^* y_i x_i$,取任一 $\alpha_i \neq 0$,可求出 b。在结果中,大部分 α_i 为 0,将 α_i 不为 0 的样本称为支持向量,见图 1-4 所示。

由式(1-3)可知,最大间隔超平面在正确划分训练样本的同时,又最小化了分类面的 VC 维,体现了结构风险最小化的思想,所以具有较好的泛化能力。

当训练集近似线性可分时,任何划分样本集的超平面都必有错分,这时,允许两类样本离各自决策平面有一定的距离,见图 1-5 所示。

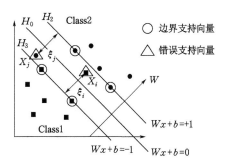

图 1-5 近似线性可分示意图

训练点也不再满足约束条件 $y_i[(w.x_i)+b] \geqslant 1$,引入一个松弛变量 $\xi_i \geqslant 0$,使决策面的约束变为:

$$y_i[wx_i + b] \geqslant 1 - \xi_i, i = 1, 2, \cdots, k \tag{1-14}$$

显然,向量 ξ_i 体现了训练集被错分的情况。可以采用 $\sum_{i=1}^{k} \xi_i$ 作为一种度量,描述训练集被错分的程度。这样,现在就有两个目标:一是希望分类间隔尽可能大;二是希望错分程度尽可能小。引进误差惩罚参数 C 把两个目标综合为一个目标,即极小化:

$$\min: \tau(W) = \frac{1}{2} \parallel W \parallel^2 + C \sum_{i=1}^{k} \xi_i \tag{1-15}$$

式(1-15)中第一项使两类样本到决策面的最小距离为最大,第二项使分类误差为最小;常数 C 对二者折中。显然,C 越大,则 ξ_i 被压制,经验风险越小,如果样本被正确分类,则相应的参数 $\xi_i = 0$。C 值对分类间隔的影响见图 1-6 所示。

这是带有约束的优化问题,可以通过引入拉格朗日乘子 $\alpha_i \geqslant 0, \beta_i \geqslant 0$ 来解,即:

$$L(W, b, \alpha, \beta) = \frac{1}{2} \parallel W \parallel^2 + C \sum_{i=1}^{K} \xi_i - \sum_{i=1}^{K} \alpha_i[y_i(Wx + b) - 1 + \xi_i] - \sum_{i=1}^{k} \beta_i \xi_i \tag{1-16}$$

式(1-16)必须满足对 W, b 最小化,对 α_i, β_i 最大化,即由 KKT 理论可得此

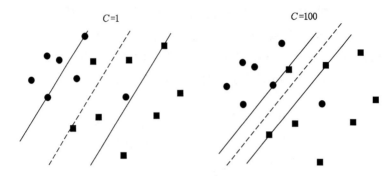

图 1-6   C 值对分类间隔的影响

优化问题的对偶形式,即最大化函数:

$$\left.\begin{array}{l}\max: W(\alpha) = -\dfrac{1}{2}\sum_{i,j=1}^{k}\alpha_i\alpha_j y_i y_j (x_i \cdot x_j) + \sum_{i=1}^{k}\alpha_i \\[2mm] \text{s.t.} : 0 \leqslant \alpha_i \leqslant C, i = 1,2,\cdots,k \\[2mm] \sum_{i=1}^{k}\alpha_i y_i = 0\end{array}\right\} \tag{1-17}$$

相应的分类函数为:

$$f(x) = \text{sign}(\sum_{i=1}^{k}\alpha_i y_i (x_i \cdot x) + b) \tag{1-18}$$

由于原始问题在最优解处满足 KKT 条件,可推出:

$$y_i f(x_i) = \begin{cases} > 1, \alpha_i = 0 \\ = 1, 0 < \alpha_i < C \\ < 1, \alpha_i = C \end{cases} \tag{1-19}$$

根据图 1-5,式(1-19)把样本集分为三类:第一类位于间隔边界上,即满足 $f(x_i) = \pm 1$ 的数据,称为边界支持向量;第二类位于间隔内,即满足 $-1 < f(x_i) < +1$ 的数据点,称为错误支持向量;第三类位于间隔之外,即满足 $1 < f(x_i)$ 或 $f(x_i) < -1$ 的数据点,称为可去支持向量。只有第一、二类数据才对分类函数起作用。

对于非线性可分的情况,可使用一个非线性函数 φ,把数据映射到一个高维特征空间,再在高维特征空间建立优化超平面,见图 1-7 所示。

此时,高维空间的超平面为 $W\varphi(x) + b = 0$,所以分类函数变为:

$$f(x) = \text{sign}(\sum_{i=1}^{k}\alpha_i y_i (\varphi(x) \cdot \varphi(x_i)) + b) \tag{1-20}$$

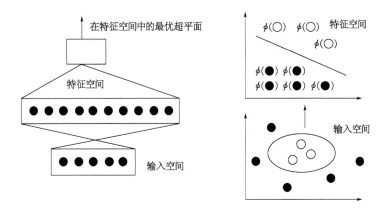

图 1-7　输入空间与高维特征空间之间的映射关系

通常，无法知道 $\varphi(x)$ 的具体表达，也难以知晓样本映射到高维空间后的维数、分布等情况，不能在高维空间求解超平面。由于支持向量机理论只考虑高维特征空间的点积运算 $\varphi(x) \cdot \varphi(y)$，而点积运算可由其对应的核函数直接给出，即 $K(x,y) = \varphi(x) \cdot \varphi(y)$，$K(x,y)$ 称为核函数，而不直接使用函数 φ，从而巧妙地解决了这个问题，相应的优化问题式(1-17)可化为：

$$
\left.
\begin{aligned}
&\max : W(\alpha) = -\frac{1}{2}\sum_{i,j=1}^{k}\alpha_i\alpha_j y_i y_j K(x_i,x_j) + \sum_{i=1}^{k}\alpha_i \\
&\text{s. t. } : 0 \leqslant \alpha_i \leqslant C, i = 1,2,\cdots,k \\
&\qquad\sum_{i=1}^{k}\alpha_i y_i = 0
\end{aligned}
\right\}
\tag{1-21}
$$

分类函数变为：

$$
f(x) = \text{sign}\left(\sum_{i=1}^{k}\alpha_i y_i K(x_i,x) + b\right)
\tag{1-22}
$$

核函数的选择必须满足 Mercer 条件，常用的核函数有：① 线性核：$K(x,y) = (x \cdot y)$；② 多项式核：$K(x,y) = (x \cdot y + 1)^d$，$d$ 是自然数；③ RBF 核（Gaussian 径向基核）：$K(x,y) = \exp\left(\dfrac{-\|x-y\|^2}{2\sigma^2}\right)$，$\sigma > 0$；④ Sigmoid 核：$K(x,y) = S(a(x \cdot y) + t)$，$S$ 是 Sigmoid 函数，a,t 是某些常数。

以上以 C-SVM 为例，介绍了 SVM 的基本原理，C-SVM 是一两类分类器，以后简称分类器。在 C-SVM 基础上，许多研究人员提出了一些支持向量机的变形算法，如 V-SVM 系列、One-Class SVM、RSVM（Reduced SVM）、WSVM

(Weighted SVM)和 LS-SVM(Least-Square SVM)等算法[39]。

SVM 除应用于分类问题外,还应用于回归分析,分类问题对应的是 SVM 分类机(Support Vector Classification,SVC),回归问题对应的是 SVM 回归机 (Support Vector Regression,SVR)。

随着 SVM 研究的日益深入,其应用领域不断拓宽,目前在 CNKI 上可检索 到的文献超过几千篇,主要应用有人脸识别[40-41]、语音识别[42]、故障诊断[43-44]、影像分类[45-48]、语义识别[49]、文本分类[50]、三维物体识别[51]、地下水化学组分识 别等等[52]。目前,在矿山信息处理中的应用见文献[28,53],分别对矿井突水 性、瓦斯分区评价进行了研究。

1.5　本书的研究内容和体系结构

本书分为理论与应用两部分,在理论研究部分对支持向量机的参数选择、推 广能力评价进行了研究,对多类 SVM 算法进行了推广,提出了构造 H-SVMs、ECOC SVMs 的新方法;在应用部分,将 SVM 和 MGIS 理论及方法的研究成果 与矿井突水预测的实践相结合,使矿山水文地质的三维空间数据在 MGIS 环境 下进行集成,开发了矿井突水评价与预测系统,以对矿井突水信息进行三维动态 处理,对突水机理进行了分析,为矿山数据的有效处理提供了新思路,为矿山数 据挖掘、知识发现探索了新方法。全书包括八章,其体系结构如图 1-8 所示。

第一章绪论,包括本书的研究背景、目的及意义,介绍了 MGIS 的有关概 念,详细论述了矿井突水预测的各类方法,最后重点介绍了 SVM 的基础理论。

第二章介绍了 SVM 推广能力的评价标准、评估方法,然后以 SVM 的推广 能力为标准对 SVM 的误差惩罚参数 C、RBF 核参数 σ 的选择进行了研究,从样 本相似性的角度出发研究了 RBF 核函数的性质,探讨了 $(C、\sigma)$ 的合理取值范围。

第三章重点介绍了几种多类 SVMs 算法,对他们的训练速度、分类速度、分 类精度进行了分析,总结并推导了多类 SVMs 推广能力的分析公式,为改进多 类 SVMs 算法指明了方向。

第四章是在第三章分析的基础上,对 H-SVMs、ECOC SVMs 进行了改进, 提出了新的构造方法,并通过实例证实了新方法的正确性。

第五章是 SVM 在矿井突水水源分析中的应用,构建了水源分析的 SVM 模 型、多类水源分析的 H-SVMs 模型。探讨了利用 SVM 预测水文地质异常,估算 混合水样间的混合比等问题,为矿井水的防治提供了新思路。

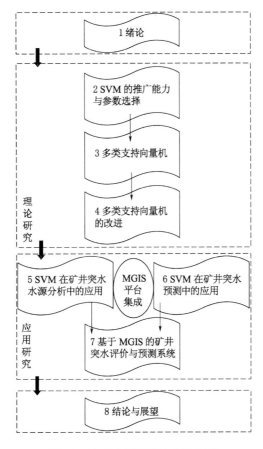

图 1-8　本书主要研究内容及框架

　　第六章是 SVM 在矿井突水预测中的应用,利用 SVM、H-SVMs 预测了矿井突水等级,对突水相关因素加以分析、优选,约简突水影响因素,提高了预测精度。将 SVM、粗糙集(Rough Set,RS)结合起来,提出了突水信息处理的 SVM-RS 方法,研究了如何利用 SVM 实现连续属性数据的离散化,最后通过 RS 提取了突水预测的规则集。

　　第七章是在第五、六章的基础上,介绍基于 MGIS 开发矿井突水评价与预测系统,提出了突水规则的关系数据库管理模式,并构造了一种新的规则编码方法。在突水评价与预测系统中,探讨了如何利用 MGIS 的多元复合分析功能建立矿井突水危险性预测模型,最后是系统的介绍。

第2章 SVM 的推广能力估计与参数选择

就模式识别而言,所谓推广能力是指学习机对未知数据进行判决时的成功率,推广能力估计就是要对训练得到的分类准则的推广能力进行预测。推广能力估计在机器学习问题中有重要的地位,是参数选择、模型选择的基础。同时,SVM 训练参数、核函数及核参数的选择也是 SVM 推广能力估计研究的内容和前提条件。

对于给定的样本,SVM 的性能主要受核参数和训练参数的影响,研究这两种参数对 SVM 性能的影响是优化它们的必要前提,同时,对 SVM 中一些全新的思想和方法如核技巧、结构风险最小化原则等的深入了解也是科学地设计和使用 SVM 的基础。

2.1 SVM 推广能力估计的理论基础

2.1.1 VC 维

对判决函数集容量的衡量问题是统计学习理论的基础问题,衡量的方法不同、角度不同可以导出不同的学习机。在 Vapnik 等人的统计学习理论中,为了衡量函数集的容量已经建立了 6 个主要的物理量[54]:函数集的多样性、随机 VC 熵、VC 熵、退火 VC 熵、生成函数和 VC 维,在这些概念的基础上,Vapnik 等人根据线性函数集 VC 维的上界导出了 SVM。但上面的 6 个量还远远不够,其中前 4 个量依赖于样本的分布,在样本分布未知的情况下,几乎不可能计算,甚至不能估计。生长函数虽然不依赖于样本分布,但它也不是构造性的。只有 VC 维勉强算构造性的,但 VC 维的计算和估计至今仍是统计学习理论的一大难点。目前尚没有计算任意函数集 VC 维的理论,只知道一些特殊函数集,如 n 维空间中线性函数集合的 VC 维为 $n+1$。

由 VC 维定义的 SVM 期望风险至少以 $1-\delta$ 满足:

$$R(f) \leqslant R_{emp}(f) + \sqrt{\frac{8}{l}\left(h\left(\ln\frac{2l}{h}+1\right)+\ln\frac{4}{\delta}\right)} \qquad (2\text{-}1)$$

其中，f 是任意决策函数；$R_{emp}(f)$ 表示经验风险；l 是训练样本数；h 是决策函数集的 VC 维；$\delta \in (0,1]$。

SVM 使用结构风险最小化原则，避免了神经网络等学习方法可能出现的过学习现象，能够保证算法的推广能力处于一定的范围。在 SVM 中，对函数集容量的控制是通过函数集的 VC 维进行的，而函数集的 VC 维是一个不依赖于样本分布的量，由它导出的推广能力界应该说也是一个宽松的界。也就是说，式 (2-1) 的右端值往往比较大，常常没有多少实用价值，其主要用于定性分析。式

(2-1) 右端第一项 $R_{emp}(f)$ 称为经验风险，第二项 $\sqrt{\dfrac{8}{l}\left(h\left(\ln\dfrac{2l}{h}+1\right)+\ln\dfrac{4}{\delta}\right)}$ 称

为置信区间，两项和称为结构风险，它是期望风险 $R(f)$ 的一个上界。

VC 维反映了学习机的学习能力，VC 维越大则学习机越复杂（学习能力越强），也就是 VC 维越大则经验风险越小，但置信风险大，最后的期望风险也大。在 SVM 理论中，由于引入了核函数，将输入空间 χ 映射到一个 Hilbert 空间进行线性划分，这意味着在这个 Hilbert 空间中选用线性函数作为假设集。一般来说，这个 Hilbert 空间的维数都很高，甚至于无穷维，所以它的 VC 维就会很大，从而其相应的置信区间也会很大，式 (2-1) 就失去意义。究其原因在于 VC 维可以描述假设集的丰富程度和表达能力，但 VC 维又强烈地依赖于空间的维数。

SVM 的决策函数式 [见式 (1-22)] 是特征空间 H 中的一个线性函数，尽管 H 的维数可能很大，如 RBF 核对应的特征空间维数为无穷，但由于 SVM 处理的只是 H 的一个子空间，Vapnik 称之为"数据子空间"，如果训练样本总数为 L，则此空间的最大维数为 L。另一方面由于求解 SVM 的约束条件的限制，使 SVM 可选的函数只是数据子空间中线性函数集合的一个子集，它的 VC 维往往小于 $L+1$，因此 SVM 的 VC 维和特征空间的维数并没有必然的关系。Vapnik 指出 SVM 的 VC 维 h 满足：

$$h \leqslant \min(\|\omega\|^2 R^2, N)+1 \tag{2-2}$$

其中，R 是特征空间中包含所有样本的最小球半径，它表示了数据在数据子空间中的分布情况；N 是特征空间 H 的维数。可见 SVM 的 VC 维与样本在特征空间中的分布以及分类面的特征有关。

2.1.2　$fat_\xi(\gamma)$ 维

为了在维数很高的空间中可行，文献 [55,56] 引入一个与 VC 维类似，但不

依赖于空间维数的函数集合表达能力的维数 $fat_\zeta(\gamma)$，借此估计学习算法的推广能力。

定义 2-1（间隔）：设 ζ 是由在 χ 取实值的若干函数组成的集合，样本点 (x_i,y_i) 关于 $g\in\zeta$ 的间隔定义为：

$$\gamma_i = y_ig(x_i) \tag{2-3}$$

训练集 $T=\{(x_1,y_1),\cdots,(x_l,y_l)\}$ 关于 g 的间隔定义为：

$$\widetilde{\gamma}T(g) = \min\{\gamma_i, i=1,\cdots,l\} \tag{2-4}$$

定义 2-2（Z_m 被 ζ 在 γ 一意义下打散）：设实值函数的集合 ζ 是由在 χ 上取值为实数的若干函数组成的集合，$Z_m=\{x_1,\cdots,x_m\}$ 是 χ 中的 m 个点组成的集合。再设 $\gamma\in R_+$，称 Z_m 被 ζ 在 γ 一尺度下打散，如果存在着与 $Z_m=\{x_1,\cdots,x_m\}$ 相对应的 m 维向量 $r=(r_1,\cdots,r_m)$，使得对所有的 m 维向量 $b=\{(b_1,\cdots,b_m)^T\mid b_i\in\{-1,+1\},i=1,\cdots,m\}$，存在着 $g_b(x_i)\in\zeta$，对 $i=1,\cdots,m$，$g_b(x_i)$ 满足：

$$g_b(x_i)\begin{cases}\geqslant r_i+\gamma, b_i=+1\\ \leqslant r_i-\gamma, b_i=-1\end{cases} \tag{2-5}$$

定义 2-3（维数 $fat_\zeta(\gamma)$）：设 ζ 是一个由在 χ 上的取值为实数的若干函数组成的集合，$\gamma\in R_+$。定义 ζ 的与带宽 γ 相应的维数 $fat_\zeta(\gamma)$ 为：

$$fat_\zeta(\gamma)=\max\{m:存在集合 \chi 中的 m 个点的集合 Z_m=\{x_1,\cdots,x_m\},$$
$$该集合能被 \zeta 在 \gamma 一打散意义下打散\} \tag{2-6}$$

当上式右端中的集合是一个无限集合时，定义 $fat_\zeta(\gamma)=\infty$。

由以上定义可知，实值函数 ζ 的与带宽 γ 相应的维数 $fat_\zeta(\gamma)$，就是能被 γ 一打散的最大集合的点的个数。显然，维数 $fat_\zeta(\gamma)$ 的值依赖于 ζ 和 γ。当 ζ 的丰富程度增加时，其值非减；当 γ 值增加时，其值非增。有关 $fat_\zeta(\gamma)$ 维的详细资料可参阅文献[55，56]。由 $fat_\zeta(\gamma)$ 维推导的 SVM 期望风险 $R(f)$ 至少以 $1-\delta$ 的概率满足：

$$R(f)\leqslant\frac{2}{l}\left(\left[128\zeta^2(\|w\|^2+1)\log_2\left(\frac{el}{16\zeta^2(\|w\|^2+1)}\right)\log_2(32l)\right]+\log_2\left(\frac{2l}{\delta}\right)\right) \tag{2-7}$$

式中，l 是样本数；w 是 SVM 超平面的法向量，且 $\|w\|$ 不超过 $\sqrt{2l-128\zeta^2}-(8\sqrt{2}\zeta)$；$\zeta$ 是包含样本集的最小球半径，$\delta\in(0,1)$。

式（2-7）不依赖于样本的维数，因此当样本维数 n 比样本数 l 大得多时，该公式特别有意义，同时也克服了 VC 维过大的困难，但该公式的适用范围仅限于高维线性可分问题,并且与式(2-1)一样,也是对期望风险估计的一个非常粗糙的上界。

l,ζ 看作常数,δ 也是设定值,所以式(2-7)实质是描述 SVM 期望风险与分类间隔 $2/\parallel w\parallel$ 的关系式,显然这个上界是 $\parallel w\parallel$ 的单调增函数,为了使上界最小,则要使 $\parallel w\parallel$ 最小,即使分类间隔 $2/\parallel w\parallel$ 最大,这就证明了线性可分 SVM 的推广能力可由分类间隔的大小来描述。文献[38,55,56]均指出分类间隔是 SVM 推广能力评价的可靠指标。

2.2　SVM 推广能力的估计方法

尽管式(2-1),式(2-7)给出了 SVM 推广能力估计的理论公式,但 VC 维、$fat_{\zeta}(\gamma)$ 维很难求出,并且在非线性可分、不完全可分情况下,并不符合上述公式的适用条件。由公式(2-7)得到可由分类间隔估算 SVM 的推广性能,但也仅限于线性可分情况。另外,当引入核函数后,不同的核函数会导出不同的特征空间,而不同特征空间下求得的分类间隔并没有可比性。

对于 SVM 来说,至今尚未有一种计算简单、估计准确、普适性的方法代替公式(2-1)和公式(2-7)。在线性可分情况下,分类间隔可以很好地评估 SVM 的推广能力,但应用范围受限。目前,对 SVM 推广能力评估的有效方法依旧是传统的"交叉检验法"。

利用"交叉检验"估计学习方法的推广能力时,先将训练数据集划分为两个子集,用其中一个来训练学习机得到判决准则,并用得到的判决准则对另一个子集进行分类,从而得到在该子集上的分类错误数目,除以该子集的总数目得到分类错误率。对训练数据集进行相同方法的若干次不同划分,经过相似的运算,就可以得到平均分类错误率,并依此来评价学习方法的推广能力。"留一法"是交叉检验时只保留一个样本用作测试集,进行"留一法"错误率估计时,首先从训练集中去掉一个样本,再在其他样本上训练判决准则,并利用该判决准则对去掉的样本进行分类,如果分类错误则称产生了"留一法"错误。

令 f^i 表示去掉第 i 个样本后在剩余样本上得到的分类规则,$f^i(x_i)$ 表示该规则对样本 x_i 进行分类,$L(f^i(x_i),y_i)$ 表示"留一法"的分类结果,分类正确取 1,反之取 0。则"留一法"对该学习方法推广能力的估计为:

$$P_{\text{error}}(f)=\frac{1}{l}\sum_{i=1}^{l}L(f^i(x_i),y_i) \tag{2-8}$$

从上式可以看出,"留一法"对所有分类方法都适用,而且已经证明,"留一法"对测试错误率的估计是无偏的[38]。"留一法"的缺点在于它的估计效率很低,随着样本数的增加,估计所需要的运算量也急剧增加。因此,该方法在实际中常用作分类器性能评估标准而非估计方法。

在实际问题中,人们往往采用"k-遍交叉检验"(k-fold Cross Validation)的办法对"留一法"进行近似估计。所谓"k-遍交叉检验",是指将训练样本划分成 k 个互不相交的子集(k-fold):$S_1,S_2,\cdots,S_k$。每个子集的元素个数大致相等,训练和测试进行 k 次。在第 i 次中,S_i 用作测试集,其余的子集都用于训练分类器。错误率估计就是 k 次错误分类数的总和除以初始训练样本的总数。可见"留一法"也可以看作是"k-遍交叉检验"的极端情形:$k=n$。

与"留一法"比较,虽然"k-遍交叉检验"的计算量已经减少了不少,而且目前一些支持向量机软件如 LibSVM(见 http://www.csie.ntu.edu.tw/~cjlin/libsvm/index.html,由台湾大学的林智仁教授开发的 SVM 工具箱)也确实是利用该方法进行参数的确定,但是人们对这种近乎蒙特卡罗似的方法始终不满意,所以进一步寻找推广能力估计的更有效方法一直是 SVM 研究的热点。

许多学者对 SVM 推广能力的估计方法进行了研究,构造了若干估计模型,主要有:软间隔超平面推广能力的界、支持向量率、Jaakkola-Haussler 方法、Opper-Winther 方法、Lin Yi 方法、JoaChims 方法、Vapnik-Chapelle 方法等。关于这些方法的论述详见文献[57]。

最近,R. C. Williamson 等人提出使用 ε 覆盖数(ε-Covering Number)和 ε-熵数(ε-Entropy Number)来衡量支持向量机乃至核方法的推广能力[58,59],以及吴涛提出的相似矩阵法[60]。

推广能力估计对机器学习问题十分重要,SVM 与其他学习算法相比的优势正是在于有相对完备的理论基础,对推广能力给出了理论的界和收敛速度,但从上面的论述可以看出,在实际应用中还没有得到很好解决,上述提到的评估方法就评估精度上还难以取代交叉检验法。

2.3 SVM 的推广性能与参数的关系

2.3.1 核函数、核参数与 SVM 推广性能的关系

核函数,映射函数以及特征空间是一一对应的,确定了核函数 $k(x,y)$,就隐

含地确定了映射函数 Φ 和特征空间 H。核参数的改变实际上是隐含地改变映射函数，从而改变样本数据子空间分布的复杂程度（维数）。数据子空间的维数决定了能在此空间构造的线性分类面的最大 VC 维，也就决定了高维线性分类面能达到的最小经验误差[61]。同时，每一个数据子空间对应唯一的推广能力最好的分类超平面，如果数据子空间的维数很高，则得到的最优分类面就可能比较复杂，经验风险小但置信区间大；反之亦然。由式(2-1)可知，这两种情况下得到的 SVM 都不会有好的推广能力，只有首先选择合适的核函数将数据投影到合适的特征空间，才可能得到推广能力良好的 SVM 分类器。

最常用的核函数是线性核和 RBF 核，线性核 SVM 只受误差惩罚参数 C 影响，容易选取；RBF 核 SVM 受误差惩罚参数 C、核参数 σ 共同影响，情况比较复杂，本章主要研究 RBF 核 SVM 的参数选择。

2.3.2　误差惩罚参数 C 与 SVM 推广性能的关系

根据式(1-21)，误差惩罚参数 C 的作用是在确定的数据子空间中调节学习机置信区间和经验风险的比例以使学习机有较优的推广能力，不同数据子空间中选择的 C 值不同。当样本完全可分时，C 值大小不影响 SVM 的推广性能；当样本不完全可分时，C 值对 SVM 的性能影响较大。如图 2-1 所示，IRIS 数据集中的 1 类与 2、3 类是完全可分的，2 类与 3 类是不完全可分的，因此，C 值不影响 1 VS 2、3 的分类性能，但对 2 VS 3 的分类性能影响较大。在确定的数据子空间中，C 取值小表示对经验误差的惩罚小，学习机的复杂度小而经验风险较大；反之，则学习机的复杂度大而经验风险小。前者称为"欠学习"，而后者则为"过学习"。每个数据子空间至少存在一个合适的 C 使得 SVM 的推广能力最好，C 过大或者过小都会影响到 SVM 的推广性能。当 C 超过一定值时，SVM 的复杂度达到了数据子空间允许的最大值，此时经验风险和推广能力几乎不再变化，见图 2-1 的 2 VS 3；C 值很大时，SVM 的预测精度不再变化。

如图 2-2 所示，在特定的数据子空间中，SVM 的训练精度随着 C 的增大而增大，当 C 超过一定值时，训练精度趋于最大并几乎保持不变，此时的经验风险达到最小，出现了过学习现象；在 C 取值很小时，训练精度低，同时预测精度也低，此时的经验风险大，出现欠学习。SVM 的预测精度随参数 C 的变化曲线并不光滑，这是因为 C 在某些点附近小范围内的变动并不影响 SVM 的性能[62]。

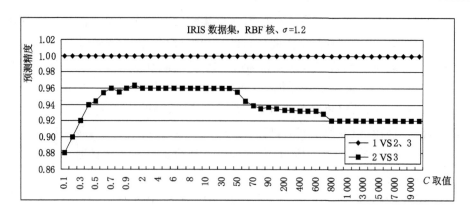

图 2-1　SVM 推广性能与 C 的关系

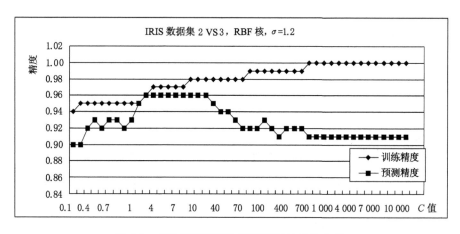

图 2-2　SVM 训练精度、预测精度与 C 的关系

2.3.3　RBF 核参数 σ 与 SVM 推广性能的关系

关于 RBF 核参数 σ 对 SVM 性能的影响,张小云等从 SVM 求解的 KKT 条件出发证明了如下结论[63]:

① C 一定时,当 σ→0 时,所有训练样本都是支持向量,全部被正确分类,但此时 SVM 的推广能力为 0,出现过学习。

② C 一定时,当 σ→∞ 时,SVM 的学习能力趋于 0,即它把所有样本视为同一类,对新样本不再具有判断能力,出现欠学习。

值得注意的是,该结论还需强化一下前提条件,即没有完全相同的样本。

事实上,当 σ 的值小到一定程度就会表现出过学习,当 σ 的值大到一定程度就会表现出欠学习。如图 2-3 所示,当 σ 很小时,SVM 的训练精度接近 1,经验风险降到最低,但预测精度却很低,表现为过学习;随着 σ 的增加,经验风险增加,说明数据子空间的维数在降低,而在该空间中能构造的最复杂的 SVM 的 VC 维在减小,推广性能得到改善,预测精度达到最佳,此时的 σ 取值较合理;当 σ 继续增加时,学习能力下降,经验风险增高,由于学习不足,导致预测能力下降;当 σ 增加到一定程度时,几乎丧失学习能力,对新样本的判断完全是一种赌博行为。图 2-3 中,在 $\sigma > 4$ 时已经出现欠学习,表现在训练精度、预测精度彼此交错,相差无几。

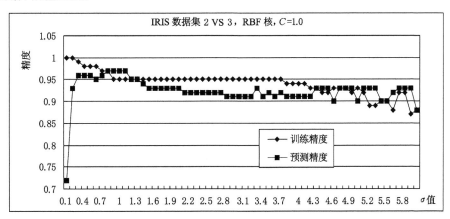

图 2-3　SVM 训练精度、预测精度与 σ 的关系

2.3.4　RBF 核参数 σ 与 SVM 推广性能关系的再分析

上面分析了 (C,σ) 对 SVM 推广性能的作用规律。实际上,(C,σ) 是共同影响 SVM 的推广能力,固定一个而优化另一个一般很难得到推广能力最优的 SVM。下面从 SVM、RBF 核函数自身的性质出发,揭示 (C,σ) 如何影响 SVM 性能。

RBF 核函数表达式为:$k(x,y) = \exp\{\dfrac{-\|x-y\|^2}{2\sigma^2}\}$,$\sigma > 0$,$k(x,y)$ 与 σ、$\|x-y\|$ 的关系如图 2-4,图 2-5 所示。

分类问题的实质是一个相似问题,分类问题的求解依赖于对相似性和相似程度的估计,而两样本间的相似程度可由样本向量间的内积来刻画[38],见式 (1-22)。SVM 的判决函数仅依赖于输入空间的内积或者变换到高维 Hilbert 空间后的内积,这些内积强烈依赖于映射的选择,选择不同的映射就意味着对样本相似性、相似程度的不同评价标准。在 SVM 中,高维空间的内积运算是通过核函数间接求得,因此,核函数、核参数的选择就是映射的选择,也就是对分类问题相似性、相似程度评价标准的选择。

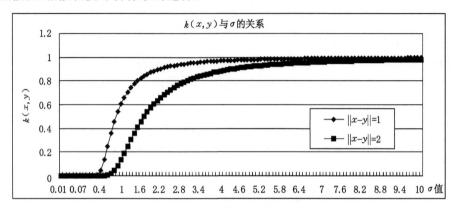

图 2-4　RBF 核函数与 σ 的关系

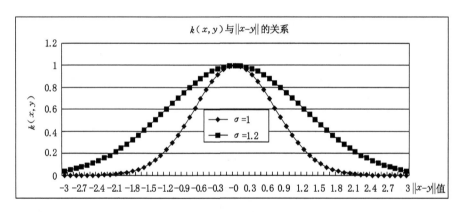

图 2-5　RBF 核函数与 $\|x-y\|$ 的关系

对 RBF 核函数 $k(x,y)=\exp\left(\dfrac{-\|x-y\|^2}{2\sigma^2}\right)$ 来说,我们认为它是描述两样本间相似程度的归一化结果。假设没有完全相同的样本,则 $k(x,y)\in(0,1)$,趋向 1 表示两样本相似程度高,趋向 0 时表示两样本相似程度低。参数 σ 则是相似范围的调控因子,σ 越大,则相似范围越宽,相似条件越松,两样本可以在较大范围内相似,弱化了样本的分类界限;σ 越小,则结论相反;当 σ 趋向 ∞ 时,则相似范围无穷宽,样本间可以无条件相似,导致分类界限消失,支持向量个数为 0,所有样本都归于同一类,不再有任何学习能力,自然也没有推广能力;当 σ 趋

向 0 时,相似范围趋向 0,相似范围收敛,相似条件紧,导致样本间均不相似,所有样本都成为支持向量,全部被正确分类,导致过学习,但其推广能力为 0。

显然,本书以核函数评价样本相似性的观点推导的结论与文献[63]所得结论完全一致,但本书的推导简洁、直观,并且赋予 σ 调控样本相似范围的含义。

前面已经讨论过,对不完全可分的两类样本来说,C 的大小会影响分类间隔的大小,也控制着样本的错分率。换言之,也可以说 C 也在调控样本间的相似程度,C 大,则收缩分类边界,强化相似条件,加大样本区分度;C 小,则放宽分类边界,弱化相似条件,降低样本的区分度。

因此,本书认为,C 调控样本类别间的相似度,是针对样本总体;σ 直接调控样本间的相似度,是针对样本个体,(C,σ) 在一定程度上互相抑制,共同影响着 SVM 的推广性能。

2.4　对 (C,σ) 优选方法的改进

2.4.1　SVM 性能与 (C,σ) 关系的经验结论

目前,SVM 推广性能与 (C,σ) 关系的确切结论来自于文献[64],该结果已被大量实验证实,并得到国内外的广泛引用[65,66]。文献[64]中提到,对于两类别 SVM,设两类样本数分别为 l_1,l_2,其中 $l_1>l_2+1>2$,没有完全相同的样本,假定样本数多的一类为强类,也就是正类;样本数少的一类为弱类,标记为负类。经大量实验证明,对于 (C,σ^2) 取值不同的情况,有以下几种,见图 2-6 所示。

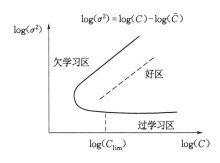

图 2-6　SVM 的推广性能与参数空间 (C,σ^2) 的关系

① σ^2 固定,$C \to 0$,此时,存在 $C < \overline{C}$,$f(x) > 0$,$\forall x \in X$,即所有样本划为强类,SVM 欠学习。

② σ^2 固定,$C \to \infty$,此时,SVM 过学习,f 趋向于硬间隔分类器。

③ C 固定,$\sigma^2 \to 0$,此时,核函数 $k(x,y) \to 0$,对于 $C \geqslant C_{\lim}$,所有训练样本将被正确分类,出现过学习;对于 $C < C_{\lim}$,f 将整个空间划归强类,出现欠学习。

④ C 固定,$\sigma^2 \to \infty$,此时,核函数 $k(x,y) \to 1$,f 将整个空间划归强类,出现欠学习。

⑤ (C,σ^2) 共同作用时,存在一好区,推广性能最好的参数组合 (C,σ^2) 将集中在好区中的直线 $\log(\sigma^2) = \log(C) - \log(\widetilde{C})$ 附近,当 $(C,\sigma^2) \to \infty$ 时,$\widetilde{C} = \dfrac{C}{\sigma^2}$,$f$ 趋向于线性 SVM,$\widetilde{C}$ 是线性 SVM 的最佳选择参数。

上述结论应再强化一下条件,即样本不完全可分。对结论①、②来说,当样本完全可分时,C 值将不再影响 SVM 的性能,可见图 2-1。事实上,将 C 值范围扩展到 $[10^{-5}, 10^{+5}]$ 时,图 2-1 中的 1 VS 2、3 系列的推广精度仍然为 1,保持不变。

2.4.2　RBF 核 SVM 参数的优选方法 (C,σ^2)

为了求解最佳的 (C,σ^2),有多种方法可以选择,最常用的是网格法和双线法[67]。

网格法是将 (C,σ^2) 分别取 N 个值和 M 个值,对 $N \times M$ 个 (C,σ^2) 的组合分别训练不同的 SVM,再估计其推广性能,从而在 $N \times M$ 个 (C,σ^2) 中选择推广性能最优的一个组合作为最优参数。为了得到更高的推广性能,还可以继续在已选好的 (C,σ^2) 的附近继续实施更小尺度的网格法,以进行更细致的网格搜索。

双线法是利用图 2-6 描述的不同的 $(\log(\sigma^2), \log(C))$ 区域对应的 SVM 性能启发式地搜索最佳的 (C,σ^2),采用如下步骤:

Step 1:对线性 SVM 求解最佳参数 $\widetilde{C}$,使线性 SVM 的推广性能最优。

Step 2:对 RBF 核的 SVM,固定 $\widetilde{C}$,对满足 $\log \sigma^2 = \log C - \log \widetilde{C}$ 的 (C,σ^2) 训练 SVM,根据对其推广性能的估算,选择最优的 (C,σ^2)。

网格法的优点是可以并行处理,每个 SVM 的训练都是独立的。而双线法需要先得到线性 SVM 的最优参数 $\widetilde{C}$,才能开始 RBF 核的 SVM 训练。网格法在有两个参数的情况下计算量为 $O(N \times M)$，而双线法的计算量仅为 $O(N)$。双线法对最优参数 $\widetilde{C}$ 的选择依赖性较大，在文献[65]中将 $0.5\widetilde{C}$、$2\widetilde{C}$ 分别作为初始值进行运算，提出了双线性网格搜索法，步骤如下：

① 对线性 SVM 求解最佳参数 C，使得以之为参数的线性 SVM 学习精度最高，称之为 $\widetilde{C}$。

② 对 RBF 核的 SVM，分别将上一步中得到的 $\widetilde{C}$、$0.5\widetilde{C}$、$2\widetilde{C}$ 代入直线方程 $\log \sigma^2 = \log C - \log \widetilde{C}$，对满足 $\log \sigma^2 = \log C - \log \widetilde{C}$ 的 (C, σ^2) 训练 SVM，根据对其学习精度的估算，得到最优参数；

③ 以上一步中得到的最优参数 (C, σ^2) 为中心取一定的范围，缩小步长进行更精细的网格搜索。

由于双线法是在 (C, σ^2) 趋向无穷大时的结论，在有限范围内所选参数未必最佳，因此，本书在下面的实验中仍采用网格法逐级搜索 (C, σ^2)，并采用 k 遍交叉检验估计 SVM 的推广性能。

2.4.3　对 (C, σ^2) 优选范围的修正

首先，图 2-6 是经过理论分析与大量实验得到的，必须加以肯定，在肯定图 2-6 的基础上，以 2.3.4 的分析为依据，辅以实证。本书对图 2-6 进行了修正，结果见图 2-7 所示。假设两类样本不完全可分，且没有完全相同的样本。

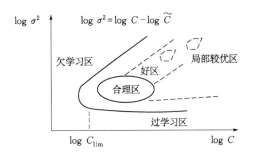

图 2-7　图 2-6 的修正

如图 2-7 所示，本书将推广性能较优的好区称为扇形区，该扇形区是由 (C, σ^2) 互相制约、平衡造成的。在扇形区内，合理的 (C, σ^2) 取值范围应该位于扇心附近；在远离扇心的地方，可能会出现局部的较优区域，更多的则是沿着扇形径向分布的一系列好区。

2.4.4 图 2-7 的理论解释

利用 2.3.4 中的结论可知，样本相似度随 σ^2 递增，随 C 递减。当 C 增大时，对错分样本的惩罚加大，样本间的相似度降低，区分度加大，可能导致过学习；但如果 σ^2 也适当增大，又提高了样本间的相似度，淡化了样本间的区分度，进而平衡了 C 增大带来的影响。当 C 趋向无穷大时，意味着所有的约束条件都必须满足，所有训练样本都要求被准确划分，如果 σ^2 也趋向无穷大，则又认为所有样本都是相近的，应该归为同一类。因此，在 C 与 σ^2 的平衡中形成了 SVM 推广能力较好的扇形区域。

但实践告诉我们，C、σ^2 过大都将影响 SVM 的性能，因此靠近扇心处为"合理区"。这里，"合理区"认定的标准不仅仅是单一的预测精度，更要考虑稳定性、求解的难易、普适性等。由于 C、σ^2 的相互制约，在远离扇心处，依然可以找到沿径向分布的较优区域，甚至于个别性能突出的区域，即"好区"与"局部较优区"，但稳定性要差，求解难度大。

SVM 预测精度随参数 C、σ^2 变化的曲线并不光滑，也就是说，C、σ^2 在某些点附近小范围内的变动并不影响 SVM 的性能[62]。并且，在远离扇心处，尤其是 σ 较大的一侧，SVM 的推广能力会出现较大的波动，这是由于 (C,σ) 取值较大时，其参数组合范围大，增加了参数选择的不确定性，表现为"好区"的形状不规则以及"局部较优区"的出现，同时也说明 SVM 的推广能力受 σ 的影响更显著。

需要注意的是，纠正后的图 2-7 与图 2-6 表达的本质内容并不矛盾，图 2-7 是对图 2-6 的进一步解释与细化。在图 2-6 中的"好区"范围内进一步界定出"合理区"，指出可以有多个"好区"沿径向分布的可能。

为了验证本文解释，下面是几个实验。

2.4.5 实验一

从 UCI 机器学习数据库中选取了 Iris、Wine、Vehicle、Glass、Lenses 等数据集，从每数据集中任选取两类样本，或合并多类样本为两类作为实验样本，$C \in [0.01,10\ 000]$，$\log C \in [-2,4]$，$\sigma \in [0.01,100]$，$\log \sigma \in [-2,2]$，采用 5-遍交叉检验方法来评估 SVM 的性能。测试结果均符合图 2-7 的描述，只是随着样本的特征数、容量等的不同会导致扇形区域形状差别较大，测试结果见表 2-1。

表 2-1　　　　　　　　　　　　　　(C,σ)测试结果

数据集	Iris	Wine	Vehicle	Glass	Lenses
(C,σ)	$(1.00,1.0)$	$(0.99,0.2)$	$(500,1.6)$	$(100,0.4)$	$(1.00,0.2)$

图 2-8 是 Iris 数据中的 2、3 类样本的(C,σ)预测精度图,图 2-9 是图 2-8 对应的等值线图。

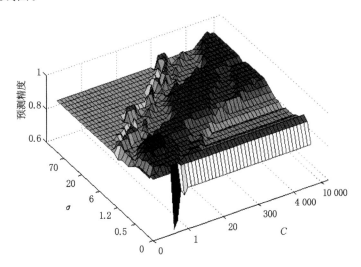

图 2-8　Iris 数据 2 VS 3 的(C,σ)测试结果

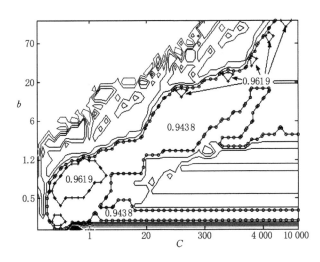

图 2-9　图 2-8 对应的等值线图

由图 2-8、图 2-9 可以看出,(C,σ) 的优选范围位于比较合理的扇形区,其中"合理区"紧靠扇心处,"好区"为径向分布的带状区域,在带状好区内还散列着若干局部较优的突出区域。

2.4.6 实验二

为了进一步验证上面的结论,将两类 SVM 参数 (C,σ) 的选择方法推广到多类 SVM,以突出 SVM 整体性能与 (C,σ) 的关系。关于多类 SVM 的问题将在第 3、4 章详细论述,本章将两类 SVM、多类 SVM 参数 (C,σ) 优选的问题放在一起讨论。

选取 Glass、Vehicle 等多类数据进行测试 (C,σ),测试过程、各参数选项同实验一。以 Glass 数据为例,测试结果见图 2-10～图 2-13 所示。图 2-10 是某一结构 H-SVMs 的训练精度与 (C,σ) 的关系,可知训练精度随 $C\uparrow$,随 $\sigma\downarrow$,当 C 大且 σ 小时,出现过学习;当 C 小且 σ 大时,出现欠学习。图 2-11 是图 2-10 对应的预测精度,图 2-12 为图 2-11 的预测精度等值线图;图 2-13 为"合理区"的放大图。由图 2-12 可知,在多类 SVM 问题中,(C,σ) 参数的选择依然存在扇形区,合理选择区位于扇心附近,各好区沿径向分布的特点更明显。

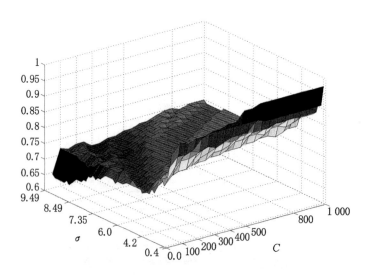

图 2-10　Glass 数据训练精度与 (C,σ) 的关系

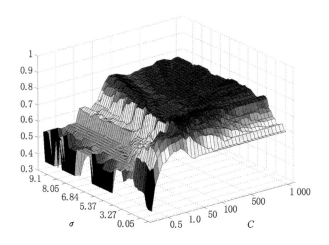

图 2-11　Glass 数据预测精度与 $(C、\sigma)$ 的关系

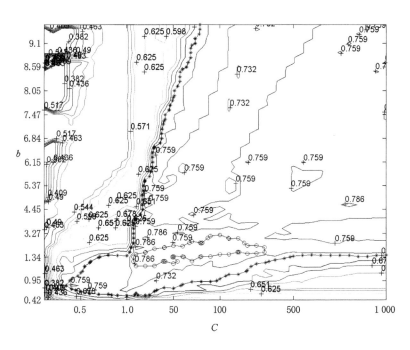

图 2-12　图 2-11 对应的精度等值线图

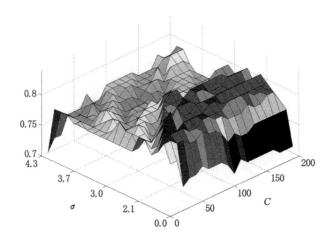

图 2-13　图 2-12 中合理区的放大

2.4.7　实验三

　　为了快速找到合理的 (C, σ)，需要清楚扇形区与样本维数的关系。仍以 Iris 数据集的 2、3 类样本做实验，测试过程与实验选项同实验一。实验时，依次增加数据集的维数，以比较样本维数与 (C, σ) 优选范围的关系。样本新增特征维为随机量，可视为噪声，对 SVM 的训练结果作用甚微，几乎不影响原始样本的预测精度。样本原有维数 4，实验时，依次增加两维随机特征，共实验 6 次，样本维数依次为 4、6、8、10、12、14，增加随机属性后 SVM 优选 (C, σ) 的结果见图 2-14，每图的横向为 C 值，纵向为 σ 值，各图 (C, σ) 取值范围同图 2-9。

　　在图 2-14 中，为了可比性，我们尽量用同一预测精度的等值线标记扇形区域，这里选用值为 0.94 的预测精度等值线作扇形区域边界，在图中标记为点一圈线。但每次实验所绘的等值线取值并不一定正好等于 0.94，这导致几幅图的扇形区域边界划定仍有少许出入。

　　忽略扇形边界预测精度的差别，可以看出，随着样本维数的增加，扇形区域边界不断向 $C \uparrow$、$\sigma \uparrow$ 方向移动，形状越来越不规范。合理区随好区的变化而变化，但总体上仍位于扇心附近。同时也看出，在好区内，σ 值对 SVM 推广性能的影响比 C 值大，表现为偏向 C 轴的预测精度等值线多表现为平直，甚至成水平线。

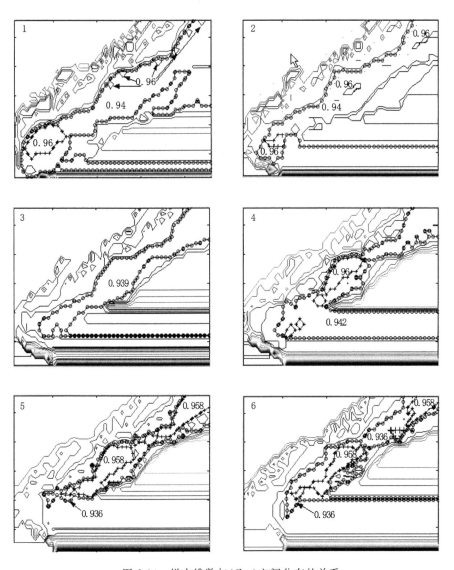

图 2-14　样本维数与$(C、\sigma)$空间分布的关系

图 2-14 的结果可以用本文在 2.3.4 的分析方法加以解释。为了更好地对样本分类,样本具有一定的维数是必要的,但样本维数的增加会导致学习机的 VC 维增加,从而降低了 SVM 的推广能力。当样本维数增大时,$\parallel x-y \parallel^2$ 的值递增,$k(x,y)$ 递减,就是说维数增加导致了样本复杂度增加,降低了样本间的相似度,增加了分类的不确定性。为了改善 SVM 的性能,当样本维数增加时,σ

应增大,扩大相似范围,以平衡 $\|x-y\|^2$ 增大带来的影响,从而保持学习机的预测能力,在 σ 增大的同时,C 值也相应增大,以保证 SVM 分类器的性能,最后结果是整个扇形区向右上方移动。

实验三说明,样本维数大时,C、σ 各自的取值一般也要大些。

2.4.8 改进的 (C,σ) 优选方法

通过上面的分析,可以认为由于样本容量、维数、空间分布等的差异,(C,σ) 的优选范围很难精确定位,甚至测试最优也不一定是现实最优,测试精度不能作为评价 (C,σ) 的唯一指标。本书认为较优的 (C,σ) 范围应该在测试精度较优的好区之内,有一定的连续范围,排除局部突出区域,并且 C、σ 各自取值应适中,不宜过大,也不宜过小,尽量在扇心附近寻优,以避免陷入"过学习"、"欠学习"以及不稳定区,并且要正确界定扇形区边界,如示例所示,边界必须与连续的预测精度等值线重合。

前面已经讨论过,网格搜索法精度高,但效率低;双线法效率提高,但又以牺牲精度为代价;文献[65]综合网格法与双线法提出了双线性网格搜索法。双线性网格搜索法能在减少计算量的同时获得较高的预测精度,但是该方法也存在着不足之处,即 (C,σ^2) 的取值容易陷入"局部较优区",下面根据前面的分析,对该方法继续完善。

对于给定的数据集,需设定一个较大的取值范围,但大的取值范围会增加参数选择的不确定性,容易使参数陷入"局部较优区",性能不稳定。为了避免这种情况,本书先确定 (C,σ^2) 的合理备选范围,再运用双线性网格法。步骤如下:

① 对 (C,σ^2) 给出一个较大的取值范围和较大的步长,采用网格搜索法,以 5-遍交叉验证法评估 SVM 的推广能力,得到预测精度等值线图,根据本书的"合理区"应位于"扇心"处的结论,缩小 (C,σ^2) 的取值范围,该范围只要包含"合理区"即可。

② 在该范围内再进行双线性网格搜索法以最终确定最优参数 (C,σ^2)。

为了详细说明本书方法,选取 UCI 数据库中的 Haberman、Glass、Iris、Lenses 等数据进行实验,Iris 数据选用了第 2、3 类数据,其他数据使用了多类数据,多分类方法采用了 1-V-1 SVM,(C,σ^2) 的取值分别为:$\log_2 C \in [-5,-4,\cdots,14,15]$,$\log_2^2 \sigma \in [-10,-9,\cdots,9,10]$,采用 5-遍交叉验证法评估 SVM 分类器的推广能力,结果显示,所有数据集的参数优选规律与本书的结论吻合,即在扇心附近,(C,σ^2) 的取值范围更宽,步态更稳定,预测精度也高,具体的测试结果见

表 2-2。

表 2-2	(C,σ^2)测试结果	
数据集	双线性网格搜索法	本书方法
Iris 2 Vs 3	$(2^4,2^4)0.970\,00$	$(2^{3.7},2^{3.7})0.970\,00$
Glass	$(2^{11.9},2^{4.5})0.749\,08$	$(2^3,2^{-0.9})0.744\,75$
Haberman	$(2^8,2^{9.5})0.751\,82$	$(2^{-1},2^4)0.761\,50$
Lenses	$(2^5,2^{-1})0.790\,00$	$(2^{2.3},2^{-0.5})0.790\,0$

以 Haberman、Glass 数据为例,实验过程如下:先设定一较大取值范围,步长为 1,得到 Haberman、Glass 数据的 SVM 分类精度等值线图,见图 2-15 所示。加粗虚线为"合理区",以该"合理区"为中心,缩小(C,σ^2)的取值范围,Haberman 数据:$\log_2 C\in[-2,\cdots,3]$,$\log_2\sigma^2\in[2,\cdots,7]$,Glass 数据:$\log_2 C\in[1,\cdots,6]$,$\log_2\sigma^2\in[-3,\cdots,3]$,然后再进行双线性网格搜索法。

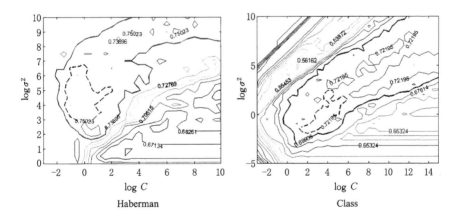

图 2-15　Haberman、Glass 数据预测精度等值线图

从表 2-2 可知,本书方法得到的预测精度与使用双线性网格搜索法得到的精度相当,但双线性网格搜索法获得的参数明显过大,增加了过学习或欠学习的风险,由于提前锁定了合理区,本书方法得到的参数值均较小,性能较稳定,弥补了双线性网格搜索法的不足。

2.5　本章小结

　　本章总结了 SVM 推广能力的评价理论及估计方法，以此为基础研究了 RBF 核 SVM 的误差惩罚参数 C 及核参数 σ 的优选问题。创新之处在于：

　　① 利用核函数评价样本相似性的原理，分析了 RBF 核参数 σ、SVM 误差惩罚参数 C 对 SVM 性能影响的规律，与其他分析方法比，该方法中的各参数具有明确意义。

　　② 对目前大家认可的 SVM 性能与 (C,σ) 的关系图进行了修正，指出了优选范围的一般规律，并将 (C,σ) 的优选推广至多类 SVM 问题，探讨了样本维数对 (C,σ) 选择的影响。

　　③ 改进了双线性网格法搜索 (C,σ) 的方法，该方法不仅可以消除局部突出区域，还能提高搜索速度，并提高性能。

第3章　多类支持向量机

SVM 理论最初用以解决两类分类问题,不能直接用于多类分类,如何有效地将其推广到多类分类问题仍在研究中。当前已经有许多算法将两类 SVM 推广到多类分类问题,这些算法统称为"多类支持向量机"(Multi-category Support Vector Machines,M-SVMs),大致分为两大类:

① 通过某种方式构造一系列的两类分类器并将它们组合在一起实现多类分类。

② 将多个分类面的参数求解合并到一个最优化问题中,通过求解该最优化问题"一次性"地实现多类分类[68,69]。

第二类方法尽管看起来简洁,但是在最优化问题求解过程中的变量远远多于第一类方法,训练速度又不及第一类方法,而且在分类精度上也不占优势[70]。当训练样本数非常大时,这一问题更加突出,正因如此,第一类方法更为常用,也是本书要研究的内容。

3.1　现有多类支持向量机算法

多类分类问题可以形式化地表述为:给定属于 k 类的 m 个训练样本 $(x_1,y_1),(x_2,y_2),\cdots,(x_m,y_m)$,其中 $x_i \in R^n, y_i \in \{1,\cdots,k\}, i=1,\cdots,m$。要通过上述训练样本构造分类函数 f 使对未知样本 x 进行分类时的错误概率(或者造成的损失)尽可能小。下面介绍用两类 SVM 解决多类别分类问题的常用方法。

3.1.1　一类对余类 SVMs

用 SVM 解决多类分类问题最早的方法是"一类对余类"(One-Versus-Rest SVMs,1-V-R SVMs)算法[71]。该方法依次用一个两类 SVM 分类器将每一类与其他类别区分开来,得到 k 个决策函数。预测未知样本时,将样本归类于具有最大决策函数值的那类。下面用一个简单的二维分类问题说明具体的计算过程,设这个分类问题涉及"1"、"2"和"3"类,并设实际上它们可以用从一点出发的三条射线分开,如图 3-1(a)所示。

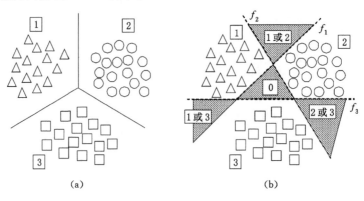

图 3-1　一类对余类 SVMs 分类示意图

建立相应的两类 SVM,首先把"1"看作正类,把余下的"2、3"合并看作负类,用 SVM 构造决策函数 f_1 将"1"与"2、3"分开。类似地可以构造把"2"与"1、3"分开的决策函数 f_2,把"3"与"1、2"分开的决策函数 f_3。如果这些决策函数都能准确反映实际情况,那么对任意输入的样本 x,函数 $f_i(x),i=1、2、3$,有且仅有一个为正值,由此容易判定 x 的类别。但我们构造的决策函数总是有误差的,可能出现图 3-1(b)中的情况,对某些输入的 x,可能出现多个 $f_i(x)$ 为正,或无一 $f_i(x)$ 为正的情况,见图中阴影部分。处理这种情况的一个最简单方法是,判定 x 属于 $f_i(x)$ 中取最大函数值的那一类,但这不能从根本上解决问题。当各决策函数的参数不同时,它们的值并不具有可比性,即使可以作比较,当有两个及以上决策函数同时取最大值时仍无能为力。

严格地说,$f_i(x)$ 的可比性缺乏理论依据,因此,该算法存在不可分区域的难题。算法的另一个缺点是,一类对余类的这些两类问题是很不对称的,一般正类点远少于负类点,这给 SVM 参数的选择、训练带来麻烦,也影响着 SVM 的预测能力[38]。

3.1.2　一类对一类 SVMs

该方法在每两类样本间训练一个 SVM 分类器,全部分类器个数为 $k(k-1)/2$,与每一类别相关的分类器个数为 $k-1$。当对一个未知样本进行分类时,每个分类器都对其类别进行判断,并为相应的类别"投上一票",最后得票最多的类别即作为该未知样本的类别,这种策略也称为"投票法"。在有些参考书中,一类对一类 SVMs 也称为"成对多类",简称为(One-Versus-One SVMs,

1-V-1 SMMs)[72]。

　　1-V-1 SVMs 仍无法解决不可分区域的问题,见图 3-2 的阴影部分,该方法还有一个明显的缺点,就是每个子分类器必须都要非常仔细地调整,如果某个子分类器不规范,则整个分类系统将趋于过学习[101]。

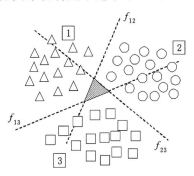

图 3-2　一类对一类 SVMs 分类示意图

3.1.3　有向无环图 SVMs

　　有向无环图多类 SVMs(Direct Acyclic Graph SVMs, DAG SVMs)[73],在训练阶段和"1-V-1 SVMs"一样,也要构造出任意两类间的分类器,共 $k(k-1)/2$ 个。但是在分类阶段,该方法将所用分类器构造成一种两向无环图,包括 $k(k-1)/2$ 个"中间"结点,和 k 个"叶子"结点。其中每个中间节点为一个 SVM 分类器,并与下一层的两个节点(或者叶)相连;每个叶子结点对应一样本类别,图 3-3 所示为一 4 类问题的 DAG SVMs。当对一个未知样本进行分类时,首先从顶部的根节点开始,根据根节点的分类结果用下一层中的左节点或者右节点继续分类,直到达到底层某个叶子结点为止,该叶子结点所代表的类别即未知样本的类别。

　　DAG SVMs 方法解决了不可分区域的问题,具有较优的性能。

3.1.4　纠错输出编码 SVMs

　　在解决多类问题时,有许多构造两类 SVM 的方式。比如上面的 1-V-R SVMs 的构造方式为把任一类看作正类,其余看作负类;1-V-1 SVMs 的构造方式为任取两类样本作为两类问题处理,忽略其余样本。k 类样本构造两类问题的方式还有很多,其中,利用二进制编码构造两类 SVM 的方法称为纠错输出编码 SVMs(Error-Correcting Output Codes SVMs, ECOC SVMs)[74]。

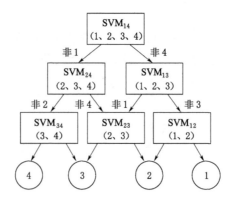

图 3-3　4 类 DAG SVMs 分类示意图

对于 k 类问题,给每个类别赋予一个长度为 L 的二进制编码,形成一个 k 行 L 列的码本,表 3-1 为一 4 类问题 $L=4$ 的编码示例。

表 3-1　　　　　　　　　　4 类问题 $L=4$ 的一种 ECOC 编码

类别	码字			
	SVM1	SVM2	SVM3	SVM4
1	1	0	0	0
2	0	1	0	0
3	0	0	1	0
4	0	0	0	1

然后针对每一列编码训练两类 SVM 分类器,列编码为"1"的类别归为正类,编码为"0"者归为负类,可得到 L 个 SVM 分类器。对一个未知样本分类时,L 个分类器的分类结果构成一个编码 s,计算码本内任一行编码与 s 的距离,一般采用汉明距,距离最小的行所代表的类别即是该测试样本所属的类别。ECOC SVMs 同样存在不可分区域的问题,当编码 s 与多行编码的最小距离相等时,就无法判定样本所属类别。

对于 ECOC 编码来说,编码的行相同时,则行对应的类别无法识别;编码的列相同时,则它们对应的是同一 SVM 分类器,删除其中一列对输出结果毫无影响;编码互补的两列,它们所对应的 SVM 分类器的输出结果也互补,本质是相同列;全为"0"或全为"1"的列则毫无意义,无法训练 SVM。因此,有效的 ECOC 编码必须满足如下条件:

① 编码矩阵的行之间不相关。

② 编码矩阵的列之间不相关且不互补。

③ 没有全为"0"或全为"1"的列。对于 k 类分类问题,编码长度 L 必须满足 $\log_2^k < L \leqslant 2^{k-1} - 1$。

3.1.5　层次 SVMs

层次分类法首先将所有类别分成两个子类,再将子类进一步划分成两个次级子类,如此循环下去,直到得到一个单独的类别为止,这样就得到一个倒立的二叉分类树。该方法将原有的多类问题同样分解成一系列的两类分类问题,当两个子类间的分类函数采用 SVM 时,就是 H-SVMs。但本质而言,该方法是通过划分类别将原有问题转化成一系列的两类问题,而通常所说的决策树是对输入空间进行划分,为了避免产生理解上的混淆,这里将这类方法称为基于层次结构的多类支持向量机,简称层次支持向量机(Hierarchical SVMs, H-SVMs)[76],见图 3-4 所示。

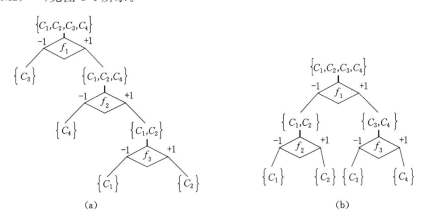

图 3-4　H-SVMs 分类树示意图

f_1 表示 SVM 分类器,C_i 表示类别

由于各文献对 H-SVMs 的有关概念尚无统一表述,因约定不同导致在某些论述上可能有出入,为了更好地说明 H-SVMs,本书先做如下约定,可参考图 3-4 所示。

① H-SVMs 是一个二叉树结构,每一叶子结点对应于一样本类别,非叶子结点,也就是内部结点称为决策结点,即 SVM 分类器,样本类别的判别规则就是由树根到叶子结点经过的路径。

② 由于 H-SVMs 左、右子树互换时是等效的分类树,这里规定左子树为负

类,右子树为正类,任一决策结点的左子树包含的类别数小于等于右子树,当类别数相等时,则编号最小的类所在的类集合位于左子树。

③ 从顶层开始,每一决策结点的左子树只包含一个类别,这样的结构称为"偏态树";每一决策结点的左、右子树包含类别数相等时,这样的结构称为"正态树";其余的树结构介于二者之间。

④给定 k 个类别,则分类树有 k 个叶子结点,$k-1$ 个决策结点,所有可能的分类树计数为 $\prod\limits_{i=1}^{k-1}(2*i-1)$。

⑤ 用广义表表示 H-SVMs 树的结构,如图 3-4(1)表示为:(3,(4,(1,2)));图 3-4(2)表示为:((1,2),(3,4))。

显然,H-SVMs 不存在不可分区域的问题,但树结构的不同会导致 H-SVMs 在训练速度、分类精度上差异较大。

3.1.6 模糊多类支持向量机

模糊支持向量机(Fuzzy SVM,FSVM)是近几年提出的新方法,是对传统 SVM 的一种改进与完善。在处理多类问题时,模糊支持向量机的构造思路主要是针对已有的多类 SVMs 提出的[77,78]。FSVM 主要用于处理 SVM 训练样本中的噪声,以及对 1-V-1 SVMs、1-V-R SVMs 等存在的不可分区域通过模糊数学方法加以处理,一定程度上能够改善多类 SVMs 的性能,但隶属度函数的确定仍是难题,并且缺少严密的理论支持。

严格意义上讲,模糊多类支持向量机并不是新的多类 SVMs,它只是将模糊数学的求解思路应用于已有的多类 SVMs,依据问题不同,可以建立模糊 1-V-1 SVMs、模糊 1-V-R SVMs 等。

3.2 多类支持向量机的比较

3.2.1 训练速度

大量实验证明,SVM 的训练时间 T 大致满足如下关系[79]:

$$T = Cm^{\gamma} \tag{3-1}$$

其中,C 为一常数;γ 的大小与不同的分解算法有关。当采用 SMO(Sequential Minimal Optimiaztion)分解算法时,$\gamma \approx 2$。因此,SVM 的训练时间主要取决于参与训练的样本的数量 m。

对于 1-V-R SVMs、ECOC SVMs,在训练每个 SVM 分类器时均需要所有的样本参与,因此它们的训练时间分别为:

$$T_{1-V-R} = kCm^{\gamma}, \text{其中 } k \text{ 为类别数} \tag{3-2}$$

$$T_{ecoc} = LCm^{\gamma}, L \text{ 为 ECOC 码字长度} \tag{3-3}$$

1-V-1 SVMs 和 DAG SVMs 都是在每两类间训练 SVM 分类器,假设各类别的样本数相等,则每次参与训练的样本数为 $2m/k$,分类器个数为 $k(k-1)/2$,训练时间为:

$$T_{1-V-1} = T_{DAG} = \frac{k(k-1)}{2}C\left(\frac{2m}{k}\right)^{\gamma} \approx 2^{\gamma-1}Ck^{2-\gamma}m^{\gamma} \tag{3-4}$$

当 $\gamma=2$ 时,1-V-1 SVMs 和 DAG SVMs 的训练时间与类别数无关,仅相当于 1-V-R SVMs、ECOC SVMs 中单个分类函数训练时间的 2 倍。

H-SVMs 需要训练 $(k-1)$ 个分类器。该方法的训练速度受层次结构的形态影响。首先考虑两种特殊的情况:"偏态树"、"正态树"。

假设每个类别的训练样本数相同,"偏态树"的 H-SVMs 的总训练时间为:

$$T_{HP} = \sum_{i=0}^{k-2} C\left(\frac{(k-i)m}{k}\right)^{\gamma} \tag{3-5}$$

对于正态树,令 $k=2^e$,e 为自然数,则总的训练时间为:

$$T_{HZ} = \sum_{i=0}^{e-1} 2^i C\left(\frac{m}{2^i}\right)^{\gamma} \tag{3-6}$$

当 $\gamma=2$,$T_{HZ}=2Cm^2\left(1-\dfrac{1}{2^e}\right)$,将 $k=2^e$,$\gamma=2$ 代入式(3-4)得到 $T_{1-V-1}=2Cm^2\left(1-\dfrac{1}{2^e}\right)$,知正态 H-SVMs 与 1-V-1 SVMs、DAG SVMs 的训练时间相等。

正态 H-SVMs 的训练时间明显少于偏态树,其他树结构的训练时间介于二者之间,所以通常情况下,H-SVMs 的训练时间大于 1-V-1 SVMs 和 DAG SVMs。

对比式(3-2)和式(3-3),ECOC SVMs 的码长 L 范围很大,但一般情况下不超过样本类别数 k 的 2 倍,因此,本书认为 1-V-R SVMs、ECOC SVMs 具有同级的训练速度。为了更形象地比较上述几种算法的训练速度,选取 1-V-R SVMs、1-V-1 SVMs、偏态 H-SVMs 进行对比,假定 $\gamma=2$,$C=1$,对比内容如下:

① 设定类别数一定,比较样本数不同时各 M-SVMs 的训练时间。

② 设定每类别的样本数一定,比较类别数不同时各 SVMs 的训练时间。

③ 设样本总数一定,比较类别数不同时,各 SVMs 训练时间的变化。

相应的对比结果见图 3-5～图 3-7 所示。

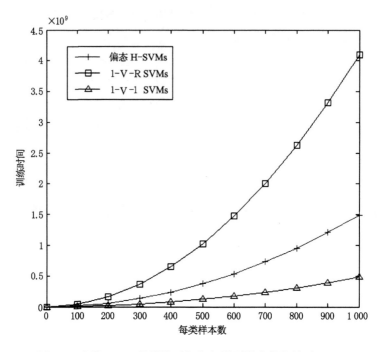

图 3-5　多类 SVMs 的训练时间与每类别样本数的关系, $k=16$

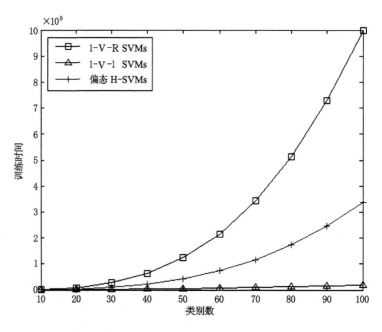

图 3-6　多类 SVMs 的训练时间与类别数的关系, 每类样本数 $m=100$

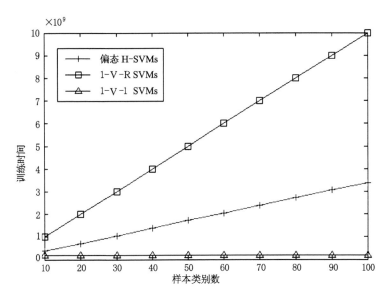

图 3-7　多类 SVMs 的训练时间与类别数的关系,样本总数 = 10 000

由图 3-5、图 3-6 可知,1-V-1 SVMs、DAG SVMs、正态 H-SVMs 的训练速度最快,且随样本类别数、样本容量变化慢;偏态 H-SVMs 训练速度中等,ECOC SVMs、1-V-R SVMs 的训练速度具有相同的数量级,训练速度随着类别数、样本容量的增加而急剧降低。根据图 3-7,对于 1-V-1 SVMs,样本总数不变,样本类别的划分不影响其训练时间,而对于 1-V-R SVMs、偏态 H-SVMs 来说,则样本空间划分越细,训练时间越长,因此,减少样本类别数可以提高训练速度,先行合并某些类别将是有效途径。

值得一提的是,ECOC SVMs 训练时间与码长有关,ECOC SVMs 的训练时间是 1-V-R SVMs 的 L/k 倍,在文献[80]中已经证明 1-V-R SVMs 是 ECOC SVMs 的特例,是训练时间最短的一种 ECOC SVMs。

3.2.2　分类速度

与训练阶段相比,学习机的分类阶段要快得多,因此,M-SVMs 更关心训练时间。但对一实际问题来说,训练阶段通常是一次性的,或者说很少重复,而分类过程却是经常性的,尤其是对大量未知样本分类时,分类速度的快慢也成了 M-SVMs 的重要性能指标。

一种 M-SVMs 算法对一待测样本集的分类速度主要取决于:① 待测样本

数;② 判定单个未知样本所需的分类器个数;③ 每一分类器的分类速度。

由式(1-22)可知,SVM 分类器的速度与支持向量的个数、核函数及核参数有关,这里假定 M-SVMs 的分类器具有相同的核函数及核参数,则 M-SVMs 分类器的分类速度取决于支持向量的个数。文献[57]证明了支持向量个数与样本总数的比值可以用来估计 SVM 的推广能力,若忽略各 SVM 分类器推广能力的差异,则可用训练样本数来间接估计支持向量个数。一般地,训练样本数目大,则 SVM 的支持向量个数也多,这也符合实际情况。各 M-SVMs 分类需要的分类器个数、训练样本数见表 3-2 。

表 3-2   多类 SVMs 分类速度对比表

多类 SVMs	平均分类器个数 N_f	分类器平均样本数 N_m	$N_f * N_m$
1-V-R SVMs	k	m	km
1-V-1 SVMs	$k(k-1)/2$	$2m/k$	$(k-1)m$
DAG SVMs	$k-1$	$2m/k$	$2(k-1)m/k$
ECOC SVMs	L	m	Lm
正态 H-SVMs	$\log_2^k$	$2(k-1)m/(k\log_2^k)$	$2(k-1)m/k$
偏态 H-SVMs	$k/2$	$(k+2)m/2k$	$(k+2)m/4$

由表 3-2 可知,正态 H-SVMs 分类需要较少的分类器,并且各分类器中支持向量平均个数也少,分类速度快;1-V-1 SVMs 所需分类器个数最多,但每次参与训练的样本数少,分类器的支持向量个数少,最终分类速度与 1-V-R 持平;ECOC SVMs 的分类时间是 1-V-R SVMs 的 L/k 倍;DAG SVMs 的分类速度要快于 1-V-R SVMs;偏态 H-SVMs 也要快于 1-V-R SVMs。

以训练分类器的样本数来估计分类器的支持向量数的前提条件很难满足,尽管董春曦等[57]对此有所实证,但由于影响因素甚多,$N_f * N_m$ 只能作为参考指标,我们仍以分类器个数 N_f 作为评价多类 SVMs 分类速度的优选指标。

3.2.3 推广性能分析

推广能力是评价多类 SVMs 性能的重要指标,对多类 SVMs 推广性能的分析是我们有效地使用这些算法获取更好分类结果的前提,本节将对多类 SVMs 算法的推广性能加以总结,为改进多类 SVMs 提供参考。

在第 2 章中我们总结了 SVM 推广能力的评价指标与方法,对于两类 SVM

来说, VC 维、$fat_\xi(\gamma)$ 维以及完全可分时的分类间隔 γ 是衡量 SVM 推广能力的依据, 式(2-1)、式(2-2)、式(2-7)给出了两类 SVM 推广能力的上界。M-SVMs 是由多个两类 SVM 按一定规则组合实现的, 它的推广能力不仅依赖于每个 SVM 的推广能力, 更依赖于 M-SVMs 的体系结构, 即使同一 M-SVMs, 因组织结构不同其推广能力也迥异。

3.2.3.1　DAG SVMs 的推广性能

文献[73]通过 VC 维理论, 给出了 DAG SVMs 推广能力的理论上界。假定 m 个样本可以被 k 类 DAG SVMs 正确分开, 每个决策结点的分类间隔为 γ_i, 则 DAG SVMs 的推广误差以 $1-\delta$ 不大于:

$$\frac{130R^2}{m}\left(D'\log(4em)\log(4m)+\log\frac{2(2m)^{\frac{k(k-1)}{2}}}{\delta}\right) \tag{3-7}$$

其中, $D'=\sum\limits_{i=1}^{\frac{k(k-1)}{2}}\frac{1}{\gamma_i^2}$; R 是样本的最小包球半径。

由式(3-7)可知, DAG SVMs 的推广能力与 m、k、R、D' 有关, 其中, 样本数 m、样本类别数 k 对其推广性能影响尤为显著; 同时, 样本的不同空间分布会有不同的最小包球半径 R, 因此, DAG SVMs 的推广能力与样本的空间分布关系密切; 由于 DAG SVMs 是在任意两类样本之间训练 SVM, 当样本空间确定后, D' 只与 SVM 的训练参数有关, 而与有向无环图的结构无关, 也就是说 DAG SVMs 的决策结点是任意安置的, 每一子 SVM 的地位是等同的。

可见, 对于 DAG SVMs, 其推广能力完全由样本空间决定, 对于给定的训练集, m、k、R 等参数随之确定, 我们唯一能做的就是选择合适的训练参数使各子 SVM 的分类间隔最大, 即 D' 最小, 此外, 无法影响其推广能力。

3.2.3.2　ECOC SVMs 的推广性能

夏建涛在文献[80]中通过 Fat-Shattering 维和覆盖数(Covering Number)的概念给出了 ECOC SVMs 推广误差的上界: 假定 m 个样本可以被 k 类 ECOC SVMs 正确分类, ECOC 的编码长度为 L, 码间最小汉明距为 d, L 个 SVM 的分类间隔由大到小排列, 记为 $\gamma_1, \gamma_2, \cdots, \gamma_L$。则 ECOC SVMs 的推广误差以 $1-\delta$ 不大于:

$$\frac{130R^2}{m}\left(D'\log_2(4em)\log_2(16m)+\log_2\frac{2(2m)^M MNK!}{\delta}\right) \tag{3-8}$$

其中, $D'=\sum\limits_{i=1}^{L}\frac{1}{\gamma_i^2}$; R 是样本的最小包球半径; $M=\left[L-\dfrac{d-1}{2}\right]$; N 是码长为 L、

码间汉明距为 d 的编码组数,每一组中有 K 个码字。

参考上面的分析过程,由式(3-8)可知:ECOC SVMs 的推广误差上界取决于样本数、样本类别数、样本空间分布、码长、最小码间汉明距、编码的排列顺序等因素。样本类别数、样本数、样本空间分布依然是主要的影响因素,其他因素均与 ECOC 编码有关,具体情况可参见文献[80]。可见,对于给定的训练集,ECOC SVMs 的推广能力只受 ECOC 编码的影响,推广能力的改进也仅取决于编码的优化,但如何确定合理的编码序列至今仍没有得到很好解决。

3.2.3.3 1-V-R SVMs 的推广性能

1-V-R SVMs 被认为是 ECOC SVMs 的一个特例[80],其对应的 ECOC 编码如表 3-1 所示,是一行、列均等于样本类别数 K 的矩阵,对角线元素编码为 1,其余为 0,将 1-V-R SVMs 的有关参数代入式(3-8)可求得 1-V-R SVMs 推广误差的理论上界:

$$\frac{130R^2}{m}\left(D'\log_2(4em)\log_2(16m)+\log_2\frac{2(2m)^K KK!}{\delta}\right) \tag{3-9}$$

其中,$D'=\sum_{i=1}^{K}\frac{1}{\gamma_i^2}$;$R$ 是样本的最小包球半径。由式(3-9)可知,1-V-R SVMs 的推广能力只与样本空间有关,所用编码无任何纠错能力,与 DAG SVMs 一样,对给定的训练集,其推广能力无改进余地,我们能做的只是训练好每一子 SVM。

3.2.3.4 1-V-1 SVMs 的推广性能

1-V-1 SVMs 作为一种常用的多类分类方法在目前的许多运用中获得了较高的分类精度,但至今还没有其推广能力的理论描述。文献[80,82,83]采用与文献[80]一样的思路,本书给出 1-V-1 SVMs 的推广误差的理论上界。对于 K 类别分类问题,如果 1-V-1 SVMs 能够把 m 个样本正确分类,则 1-V-1 SVMs 的推广误差至少以 $1-\delta$ 不大于:

$$\frac{130R^2}{m}\left[D'\log_2(4em)\log_2(16m)+\log_2\frac{2(2m)^M M}{\delta}\right] \tag{3-10}$$

其中,$D'=\sum_{i=1}^{M}\frac{1}{\gamma_i^2}$;$R$ 是样本的最小包球半径;$M=K(K-1)/2$。

与上面的分析类似,由式(3-10)可知,1-V-1 SVMs 的推广能力只与样本空间有关,对给定的训练集,训练好每一子 SVM,保证 D' 最小,是提高其推广能力的可行途径。

3.2.3.5 H-SVMs 的推广性能

H-SVMs 已广泛应用于多类问题中,关于其推广能力的理论描述可参考文

献[82],在文献[82]中给出了如下定理:

定理 1[82]:假设感知器决策树(Perceptron DT, PDT)可以将 m 个样本分开,其中,决策结点个数为 K,设各决策结点 i 的分类间隔为 γ_i,则该决策树推广误差以概率 $1-\delta$ 不大于:

$$\in (m,K,\delta) = \frac{2}{m}\left[65R^2 D'\log(4em)\log(4m) + \log \frac{(4m)^{K+1}\binom{2K}{K}}{(K+1)\delta} \right] \quad (3\text{-}11)$$

其中,$D' = \sum_{i=1}^{K} \frac{1}{\gamma_i^2}$;$R$ 是样本的最小包球半径。定理 1 的证明见文献[82],将 H-SVMs 的有关参数输入定理 1,可得推论 1。

推论 1:假定属于 K 类的 m 个样本可被 SVM 任意线性可分,则该样本空间构造的 H-SVMs 的推广误差以概率 $1-\delta$ 不大于:

$$\in (m,K,\delta) = \frac{2}{m}\left[65R^2 D'\log(4em)\log(4m) + \log \frac{(4m)^K \prod_{i=1}^{K-1}(2*i-1)}{\delta} \right]$$

$$(3\text{-}12)$$

其中,$D' = \sum_{i=1}^{K-1} \frac{1}{\gamma_i^2}$;$R$ 是样本的最小包球半径。由式(3-12)可知,H-SVMs 的推广性能与 K、m、R、D' 等有关。H-SVMs 的结点数越少,则推广误差的界越小,并且误差的界受样本类别数影响较大,该结论与文献[89]通过识别错误率分析的结果一致。同时,不同结构的 H-SVMs 会有不同的 D' 值,在样本空间确定的情况下,D' 的值越小,则推广误差的界越小。要使 D' 减小,则每一决策结点的分类间隔 γ_i 都要取最大,由于 SVM 本身就是使 γ_i 最大的分类器,所以只要树的形态确定了,则 D' 的大小也随之确定。因此,对于给定的样本空间,H-SVMs 的推广能力只与 D' 有关,其推广能力的改进途径只能是构造合理的树形,这也是 H-SVMs 当前研究的主要内容。

3.2.3.6　结论

上述关于各种 M-SVMs 推广性能的分析均以线性可分为前提,但结论同样可用于高维可分的情况,只不过分类间隔 γ_i 改为输入样本在高维空间的分类间隔。通过对各类 M-SVMs 的推广性能的分析,我们知道,对于给定的训练集,ECOC SVMs 可以通过构造合理的 ECOC 编码来提高其推广能力,H-SVMs 可以通过构造合理的层次结构来提高推广能力,其余 M-SVMs 方法的推广能力均完全受制于样本空间,无改进余地。这就为我们改进 M-SVMs 的推广能力指明了方向,训练好每一子 SVM,保证各子 SVM 的最优推广性能,同时,对于 ECOC SVMs、H-SVMs 还可以通过优化 ECOC 编码、树层次结构来提高推广能力,该部分工作将在第 4 章中完成。

3.3 本章小结

本章主要总结了 M-SVMs 的有关理论,分析了它们的训练速度、分类速度、推广能力,为下一章改进 M-SVMs 指明了方向。主要贡献在于:

① 系统介绍了 M-SVMs,指出了各自的特点。

② 比较了它们的训练速度、分类速度、推广能力。

③ 总结了 M-SVMs 推广能力的理论分析成果,并推导了 1-V-1 SVMs、H-SVMs 的推广误差公式,根据理论分析,指出了改进当前 M-SVMs 推广能力的有效途径。

附录 公式(3-10)的证明

预备定理:对于 k 个类别的分类问题,依据未知概率分布 P 产生的 m 个样本(记为 X)的最小包容球半径为 R。如果 1-V-1 SVMs 能够把 m 个样本完全正确分类,M 个 SVM 的分类间隙由大到小排列,分别记为 $\gamma_1, \gamma_2, \cdots, \gamma_M$,令 $k_i = fat(\gamma_i/8)$——第 i 个 SVM 的 fat-shattering 维,$i = 1, 2, \cdots, M$。那么对于由 P 新产生的 m 个样本(记为 Y),有:

$$P^{2m}\left\{\begin{array}{l} XY: \exists\ 1\text{-}V\text{-}1\ SVMs: 把\ X\ 正确分类, \\ 则把\ Y\ 错分的比例 > \varepsilon(m, M, \delta) \end{array}\right\} < \delta$$

式中,$\varepsilon(m, M, \delta) = \dfrac{1}{m}\left[D \cdot \log_2(32m) + \log_2 \dfrac{2^M}{\delta}\right]$;$D = \sum_{i=1}^{M} k_i \log_2(8em/k_i)$。

预备定理的证明:

依据 Shawe Taylor 在文献[82]中的推论和文献[83]覆盖数的概念,可以得 SVM 的 $\gamma_i/2$ 的覆盖数 B_{XY}^i 的界为 $E(|B_{XY}^i|) \leqslant 2(32m)^{k_i \log_2(8em/k_i)}$,其中 $k_i = fat(\gamma_i/8)$,γ_i 是 SVM 的分类间隔。由于 1-V-1 SVMs 中需构造的子 SVM 个数为 $M = k(k-1)/2$,因此总覆盖数为:

$$E(|B_{XY}|) = \prod_{i=1}^{M} E(|B_{XY}^i|) \leqslant 2^M (32m)^D,\ 其中\ D = \sum_{i=1}^{M} k_i \log_2(8em/k_i)$$

对于 m 个样本错分比例不大于 ε,则有每一个样本的错分概率不大于 $2^{-\varepsilon m}$,

因此有：

$$E(|B_{XY}|) \cdot 2^{-\varpi m} < \delta$$

两边取对数可得：

$$\varepsilon(m, M, \delta) \geqslant \frac{1}{m}\left[D \cdot \log_2(32m) + \log_2 \frac{2^M}{\delta}\right]$$

证毕。

式(3-10)的证明：

计算在所有可能的 SVM 分类间隙情况下 1-V-1 SVMs 的推广性能上界，考虑到共有 M 个分类器，$M = k(k-1)/2$，因此，所有可能的情况为 m^M 种，设 $\delta_i = \delta/M$，$i = 1, 2, \cdots, M$。根据预备定理的结论，采用与文献[83]引理 3.7 相似的证明过程，可得：

$$\varepsilon\left(m, M, \frac{\delta_i/2}{m^M}\right) \leqslant \frac{65R^2}{m}\left[D' \cdot \log_2(4em) \cdot \log_2(16m) + \log_2 \frac{2(2m)^M}{\delta_i}\right]$$

式中，$D' = \sum_{i=1}^{M} 1/\gamma_i^2$；$R$ 为包含 m 个样本的最小球半径。

根据文献[83]的定理 3.8，1-V-1 SVMs 的推广性能误差至少以 $1-\delta$ 的概率不大于：

$$\frac{130R^2}{m}\left[D' \cdot \log_2(4em) \cdot \log_2(16m) + \log_2 \frac{2(2m)^M \cdot M}{\delta}\right]$$

证毕。

第4章 多类支持向量机的改进

在第 3 章中，我们分析了各类 M-SVMs 的特点及推广性能，就 H-SVMs、ECOC SVMs 性能的改进指明了方向，本章将介绍如何构造推广性能较优的 H-SVMs、ECOC SVMs。

4.1 H-SVMs 的改进策略

H-SVMs 的思想来源于人工智能中的决策树（Decision Tree，DT），如文献 [84] 称之为基于决策树的 SVMs，文献 [89] 称为 SVMs 结合决策树，文献 [82] 统称为感知器决策树，如果中间的感知结点为 SVM 分类器的话，就是 SVMs 决策树。许多文献也采用二叉树 SVMs[90,91,93,96]，最近的文献多采用 H-SVMs[70,76,85-88,92,94]。

与其他方法相比，H-SVMs 能有效克服不可分区域的难题，具有良好的训练速度、分类速度，并且非常适合于现实世界中大量存在的层次分类问题，易于生成决策规则[70,76]。许多研究者对 H-SVMs 及其应用进行了研究[84-96]。

4.1.1 H-SVMs 构造方法综述

文献 [84-96] 对如何构造合理适用的 H-SVMs 进行了探讨，均采用 TopDown 策略（从根结点到叶子结点）逐层将输入类别分为两类，就各决策结点如何分配输入类别有如下几种策略：

① 根据领域知识分配[89,90,95]：该方法一般由熟悉领域问题的专家胜任，根据问题领域的层次关系设计 H-SVMs 树，树形结构合理，与实际情况吻合，实用价值高；缺点是树结构的好坏全凭专家经验决定，不同专家可能结果不同，在无先验知识时，将不再适用。

② 根据样本的空间分布分配[85,87-88,92,94]：该方法首先将输入样本聚类为两类，然后按一定的策略在各决策结点分配输入类别，一般采取"Winner-Take-All"（胜者通吃）的规则，也就是输入类别的归属由聚类结果中包含该类样本最

多的聚类中心决定,由于是聚为两类,所以某类样本过半数归于某聚类中心,则判定该样本全部属于该中心。该方法基于严密的数学基础,减轻了对专家的依赖,在领域知识不明显的情况下,可以对样本进行科学分析,构造出合理的 H-SVMs,但该方法的实际效果受样本分布的影响严重,如果所选用的聚类方法并不符合于实际,将会有较大偏差。在构造 H-SVMs 构成中,许多聚类算法中得到了应用,如文献[85,87]采用了 K-均值聚类方法,文献[88,92]采用了核聚类方法,文献[94]采用了模糊均值聚类方法,文献[96]采用了自组织映射聚类方法,可以说,每一种聚类方法都有它的适用范围,研究者将不得不面对选择何种聚类方法的难题。

③ 逐层优选法[91,93]:该方法实质也是一种聚类分析,只是在每次聚类时,优选出某类作为叶子结点,其余的各类输入到下一层决策树继续优选,而优选的标准可以是类凸包间的欧氏距离、类间分类精度等。该方法构造的是一偏态树,相当于对 1-V-R SVMs 的改进,优点是训练速度、分类速度快,缺点是偏态树中结点层次多,误差累积效应大,并且每次优选一类的策略并不一定合理。

④ 形态优先法[86]:该方法优先考虑树的形态,尽量使 H-SVMs 树接近正态,先设计树形,再在各结点安置样本类别。该方法可以减少结点层次,加快分类速度,在类别数很大时,比较实用,但该方法仅仅考虑树形,可能与实际结果出入较大。文献[87]折中考虑了树形与样本分布,利用 K-均值聚类分配样本空间,同时尽可能地调整树形接近正态,取得了较优的效果。

4.1.2　H-SVMs 的结构与推广性能的关系

在第 3 章中,我们知道对于给定的训练集,H-SVMs 的推广能力与它的层次结构关系密切。不同的层次结构,D' 的大小不同,H-SVMs 的推广性能不一样,构造较优推广能力的 H-SVMs 就是找 D' 最小的 H-SVMs,其中,$D' = \sum_{i=1}^{K-1} \frac{1}{\gamma_i^2}$,$\gamma_i$ 表示各决策结点的分类间隔,见式(3-12)。

在 H-SVMs 中,上层决策结点将位于该结点的样本分为两类,显然,不同的分类结果必然影响到下层结点的分类间隔,可见,γ_i 之间存在约束关系,则求 D' 的最小值问题就是在约束条件下的极值问题。但 γ_i 间的约束是随机的,与样本的容量、空间分布等有关,是否遵循统计规律仍不确定。因此,γ_i 之间的约束并不能有效影响 D' 的值,或者说 γ_i 之间的约束对 D' 最小值的影响是不确定的。

既然 γ_i 之间的约束对 D' 的影响不确定,那么在每一决策结点分配输入样本类别时,首先要考虑使本层结点的分类间隔最大,因为我们无法确定牺牲本层结点的分类间隔会换来下层结点分类间隔的改善,从而达到全部结点分类间隔整体最大化的效果,即 D' 值的最小化;也就是说,本层结点以最大分类间隔 γ_i 将输入的 K 类样本分开,其下层结点的最大分类间隔 γ_{i+1} 仍然可以是所有分法对应的下层结点中分类间隔最大的。

对于特定的分类问题,应该存在推广能力最佳的 H-SVMs 分类树,但通过 D' 分析可知这个最优的分类树是难以找到的,当样本类别数很大时,几乎不可能找到 D' 的最小值;当样本类别数小时,可以通过穷举法找到最小的 D',但最小的 D' 也不一定表示最佳的推广能力。因为:第一,公式(3-12)本身就是一个统计量;第二,D' 中所有结点的分类间隔是等效的,没有考虑结点层次间的"误差累积"效应,与实际并不完全一致,并且,当样本类别间不完全可分时,无法再用 D' 评价 SVM 的推广性能。

4.1.3　构造 H-SVMs 的新方法

通过上面的分析,我们认为,最佳的 H-SVMs 分类树与样本类别数、容量、空间分布、树结构等有关,一般难以找到,但可以通过调整 D' 找到接近最优的 H-SVMs 树。能否构造出性能较优的 H-SVMs 是存在风险的,当采用 TopDown 策略构造 H-SVMs 时,越是上层的结点,优先级越高,确保优先级高的结点的推广性能较优,才能增大构造较优 H-SVMs 的可能。基此,我们提出两种构造 H-SVMs 的新方法。

（1）最大间隔逐层分类法

Step 1:选择 SVM 分类间隔最大的分类方法,将输入样本按类别分为两类,若输入样本的类别为 K,则分类方法共有 $2^{(K-1)}-1$ 种。

Step 2:对步骤1得到的两类样本分别递归执行步骤1,当样本类别数为1时,中止。

按最大间隔分类可以得到推广性能较优的 H-SVMs 分类树,但该方法在样本类别数较大时,运算将很困难,因为在最坏情况下,该方法训练的 SVM 分类器个数与类别 K 的关系为 $O(2^{K-1})$。

（2）最小间隔逐层聚类法

Step1:利用 SVM 对输入样本的任意两类分类,将分类间隔最小的两类合并为一类,若输入样本类别为 K,则所训练的 SVM 分类器个数为 $K(K-1)/2$。

Step2:对聚类后的样本递归执行步骤 1,直到所有类别聚为 1 类,即 H-SVMs的根。

该方法构造 H-SVMs 分类树所训练的 SVM 分类器个数与类别 K 的关系为 $O((K-1)^2)$,约为 1-V-1 SVMs、ECOC SVMs、DAG SVMs 所需 SVM 分类器的 2 倍。

最大间隔分类采用 TopDown 策略,最小间隔聚类则是 BottomUp 策略,容易证明两类方法所构 H-SVMs 并不完全一致。

一般地,最大间隔分类的推广性能较优,最小间隔聚类的时间效率较高,两类方法可以混用,通过聚类尽快约简样本类别,以减少训练复杂度;通过分类可以获得推广性能好的决策结点,聚类与分类阶段则是针对样本类别数的折中。

为了分析方便,上述讨论都是针对线性可分样本展开的,当样本间并不完全可分,或者不是线性可分时将不再适用。易知最大间隔分类、最小间隔聚类方法可以推广到高维空间。当样本类别间线性不可分但映射到高维空间后可分时,H-SVMs 的推广能力由样本在高维空间的分布决定,描述 SVM 推广能力的是高维空间下的样本分类间隔。线性可分时,SVM 的分类间隔 $\gamma_i = 2/\parallel W_i \parallel$,$W_i$ 是 SVM 分类超平面的法向量,该值是可计量的,但在高维空间却无法直接求得 $\parallel W_i \parallel$。考虑到式(1-15)和式(1-21)互为对偶,可以得到:

$$\parallel W \parallel^2 = \sum_{i,j=1}^{k} \alpha_i \alpha_j y_i y_j K(x_i, x_j) - 2\sum_{i=1}^{k} \alpha_i - 2C\sum_{i=1}^{k} \xi_i \qquad (4\text{-}1)$$

当样本完全可分时,$2C\sum_{i=1}^{k} \xi_i = 0$,则式(4-1)化简为:

$$\parallel W \parallel^2 = \sum_{i,j=1}^{k} \alpha_i \alpha_j y_i y_j K(x_i, x_j) - 2\sum_{i=1}^{k} \alpha_i \qquad (4\text{-}2)$$

由式(4-2)可得到 $\parallel W \parallel^2$,$\dfrac{\parallel W \parallel^2}{4}$ 就是高维空间下的 $\dfrac{1}{\gamma^2}$,此时,$D' = \dfrac{1}{4}\sum_{i=1}^{K-1} \parallel W_i \parallel^2$。

当样本不完全可分时,可以使用样本间的错分率来表示它们的相似度,如果两样本相似度高,则错分率自然高,两样本相似度低,错分率自然低。为了描述两类样本间的相似度,我们使用 E_i 为评价指标,计算公式为:

$$E_i = \frac{E_{iL}}{N_{iL}} * \frac{E_{iR}}{N_{iR}} \qquad (4\text{-}3)$$

式中,E_{iL} 为左子树中错分样本个数;E_{iR} 为右子树中错分样本个数;N_{iL} 为左子树中样本总数；N_{iR} 为右子树中样本总数。

与传统的错分率比，公式(4-3)兼顾了样本数不均衡的影响，左、右子树的样本数目偏差越大，则错误越突出，为了与错分率区别，这里称 E_i 为错分指数。

在不完全可分的情况下，E_i 越大则类别越相似，样本的可分性越差，反之，则相反。可见，在样本不可分时，我们可以使用 E_i 来评价 SVM 的推广性能。在最大间隔分类时，优选 E_i 最小的分类方法将输入样本分为两类；在最小间隔聚类时，优选 E_i 最大的两类合并为一类。在对样本类别进行分类、聚类时，为了减少误判，以 E_i 作评价指标的同时，仍要参考分类间隔的大小，只是此时的分类间隔是包含错分样本的超平面的间隔，在计算上需考虑错分样本的影响。

4.1.4　实例分析

4.1.4.1　参数选择

使用最大间隔分类、最小间隔聚类方法构造 H-SVMs 分为两步，一是确定树的结构，二是决策结点的优化。在确定树结构时，需要确定如下参数：

① 误差惩罚参数 C：C 是折中样本训练错分率与分类间隔的参数，C 越大则错分率越低。在线性可分情况下，分类间隔 γ_i 不受 C 影响；但在不可分情况下，C 取值越大，则 E_i 越小，γ_i 越小。选择较大的 C 值，可以降低样本的错分率，使分类、聚类结果更合理，但 C 值过大会严重影响训练时间，因此需要在效率与精度上权衡。

② 核函数：在 H-SVMs 的构造过程中，每次的分类、聚类过程都要选择合适的核函数，以保证每一决策结点都有最佳推广能力。核函数确定后，再对输入样本类别按分类间隔 γ_i、样本错分指数 E_i 进行分类、聚类，以确定样本类别的划分。本书只试验了常用的线性核与 RBF 核，按照预测精度优选，其中 RBF 核表示为 $K(x,y) = \exp\left\{\dfrac{-\|x-y\|^2}{2\sigma^2}\right\}, \sigma > 0$。

③ 核参数：线性核没有参数项，对 RBF 核来说，σ 过大、过小都会影响 SVM 的推广能力。

在第 2 章，我们分析了 (C,σ) 的取值应在合理区内，对每一两类 SVM 来说，应该存在一组最优的 (C,σ) 值，但 H-SVMs 是由多个两类 SVM 组成得，每个子 SVM 的优选参数并不一致，因此，不能用一组 (C,σ) 来评估所有的 SVM。选用多组具有较优推广能力的 (C,σ)，求其平均预测精度，以此作为各 H-SVMs 预测精度的评估结果，可以避免单一 (C,σ) 参数可能导致的偶然性，使结果更可靠。

4.1.4.2　H-SVMs 构造规则

在 H-SVMs 的构造过程中,C 值保持不变;在确定 H-SVMs 的每一决策结点时,保证核函数和相应的核参数不变,以保证分类、聚类标准 γ_i、E_i 的可比性。总结文献[84-96]的经验以及本文的试验结果,这里给出构造 H-SVMs 的要求:

① 构造 H-SVMs 的目的是为了解决领域问题,符合实际是首要的。

② H-SVMs 分类中存在自上而下的"误差累积"现象。为了使 H-SVMs 具有较好的推广性能,越是高层的结点可分性应越强。

③ 对于大类别问题,必须设法将其有效地转化为小类别问题的组合,以降低错误识别率,减少训练次数。

在聚类过程中,可以在一次测试中合并多类,以加快聚类速度。考虑到 $\gamma_i = 2/\|W_i\|$,可用 $\|W\|^2$ 作为分类、聚类标准,方法改为最小 $\|W\|^2$ 分类,最大 $\|W\|^2$ 聚类。在每次聚类时,均要测试样本类别间不同核函数的分类间隔与错分指数,需要四个矩阵来保存测试结果,LWW(线性核的 $\|W\|^2$)、LE(线性核的错分指数)、RWW(RBF 核的 $\|W\|^2$)、RE(RBF 核的错分指数)。显然四个矩阵都是对称矩阵,这里取上三角阵表示。从 UCI 机器学习数据库中选取了 Iris、Wine、Vehicle、Glass、Yeast 等数据进行了实验,实验结果见表 4-1。

表 4-1　　　　　　　　　　各数据集特征比较

数据集	类别	属性	总数	最大样本	最少样本	属性缺失	本书构造的树结构	训练参数 C	核参数 σ
Iris	3	4	150	50	50	无	(1,(2,3))	100	0.4
Wine	3	13	178	71	48	无	(1,(2,3))	100	1.2
Vehicle	4	18	846	218	199	有	(4,(3,(1,2)))	10-100-500	1.6
Glass	6	9	214	76	9	无	((4,(5,6)),(3,(1,2)))	10-100-500	1.9
Yeast	9	8	1484	463	5	无	(9,((4,(5,6)),((7,8),(3,(1,2)))))	10-100-500	0.9

总结构造 H-SVMs 的规则如下:

① 先验知识优先:尽量利用先验知识对样本中的某些类别进行合并,以减少样本类别,加快训练速度。

② 样本线性可分则选择线性核;与 RBF 核比,线性核具有更小的 VC 维,具有更优的推广性能。

③ 线性不可分但使用 RBF 核可分时,则选择 RBF 核。

④ 当两类样本不能完全分开时,则选用分类精度较优的核函数。

⑤ 样本可分情况下,以 γ_i 为标准进行聚类、分类。

⑥ 样本不可分情况下,以 E_i 为标准进行聚类、分类,同时参考 γ_i。

4.1.4.3 Glass 数据测试

Glass 数据的原始样本类别为 7 类,其中 1 类缺失,实有 6 类可用样本,见表 4-2。首先将 Glass 数据的 4、5、6 类样本合并新 4 类,然后随机将各类样本平分为两部分,一部分作为训练样本,另一部分为测试样本,多次实验取平均值。4 类样本的全部树结构见表 4-3,依据预测精度不断细化网格参数 (C,σ),最终得到一组 (C,σ) 构造的 H-SVMs 树结构、树结构的预测精度名次、全部树结构的最大预测精度,见表 4-4~表 6。

表 4-2　　　　　　　　　　　Glass 数据统计表

类名称	窗用玻璃			非窗用玻璃		
	浮化处理		不浮化处理	容器	餐具	灯具
	建筑	车用	建筑			
样本数	70	17	76	13	9	29
类序号	1	2	3	4	5	6

表 4-3　　　　　　　　　　4 类样本的全部 H-SVMs 树结构

编号	结构	编号	结构	编号	结构	编号	结构
1	$(1,(2,(3,4)))$	5	$(2,(3,(1,4)))$	9	$(3,(4,(1,2)))$	13	$((1,2),(3,4))$
2	$(1,(3,(2,4)))$	6	$(2,(4,(1,3)))$	10	$(4,(1,(2,3)))$	14	$((1,3),(2,4))$
3	$(1,(4,(2,3)))$	7	$(3,(1,(2,4)))$	11	$(4,(2,(1,3)))$	15	$((1,4),(2,3))$
4	$(2,(1,(3,4)))$	8	$(3,(2,(1,4)))$	12	$(4,(3,(1,2)))$		

表 4-4　　　　　不同 (C,σ) 时,本文方法构造的 H-SVMs 树结构序号

σ / C	0.3	0.4	0.5	0.6	0.7	0.8	0.9	1	1.1	1.2	1.3	1.4	1.5	1.6	1.7	1.8	1.9	2
20	12	12	12	12	11	11	11	11	11	11	11	11	11	11	11	11	11	11
40	11	12	12	12	12	12	12	12	11	11	11	11	11	11	11	11	11	11
60	11	11	12	12	12	12	12	12	12	12	11	11	11	11	11	11	11	11
80	11	11	12	12	12	12	12	12	12	12	12	12	12	11	11	11	11	11

续表 4-4

C＼σ	0.3	0.4	0.5	0.6	0.7	0.8	0.9	1	1.1	1.2	1.3	1.4	1.5	1.6	1.7	1.8	1.9	2
100	11	11	11	12	12	12	12	12	12	12	12	12	12	12	12	11	11	11
120	11	11	11	12	12	12	12	12	12	12	12	12	12	12	12	12	12	11
140	11	11	11	11	12	12	12	12	12	12	12	12	12	12	12	12	12	12
160	11	11	11	11	12	12	12	12	12	12	12	12	12	12	12	12	12	12
180	11	11	11	11	11	12	12	12	12	12	12	12	12	12	12	12	12	12
200	11	11	11	11	11	12	12	12	12	12	12	12	12	12	12	12	12	12
300	12	11	11	11	11	11	11	12	12	12	12	12	12	12	12	12	12	12
400	12	11	12	11	11	11	11	11	12	12	12	12	12	12	12	12	12	12

表 4-5　　不同 (C, σ) 时, 本书方法构造的 H-SVMs 预测精度排名

C＼σ	0.3	0.4	0.5	0.6	0.7	0.8	0.9	1	1.1	1.2	1.3	1.4	1.5	1.6	1.7	1.8	1.9	2
20	1	1	1	1	2	1	2	3	2	5	5	5	7	6	8	7	4	9
40	5	2	2	2	1	1	2	2	1	1	3	1	4	4	4	3	3	3
60	5	4	1	2	1	1	1	2	2	2	4	2	2	1	4	1	6	7
80	8	4	3	1	1	1	1	2	2	2	1	1	4	4	3	1	1	1
100	9	8	5	2	2	2	1	3	2	2	2	1	1	1	1	5	5	4
120	4	4	7	1	1	3	2	3	2	2	3	2	2	1	1	1	1	6
140	3	4	5	5	2	2	2	3	1	1	2	3	2	1	1	1	1	1
160	4	5	4	7	2	2	2	3	1	1	1	2	3	2	2	1	1	1
180	4	4	3	5	8	2	2	3	2	1	3	1	2	3	2	2	1	1
200	1	4	3	4	6	2	2	3	2	1	3	2	1	1	3	2	2	1
300	1	4	4	4	6	5	5	1	3	1	4	3	4	3	3	4	1	2
400	3	2	1	5	4	2	2	2	6	4	4	3	3	4	1	6		

表 4-6　　　　不同 (C,σ) 时，全部 H-SVMs 树结构中的最大预测精度

C \ σ	0.3	0.4	0.5	0.6	0.7	0.8	0.9	1	1.1	1.2	1.3	1.4	1.5	1.6	1.7	1.8	1.9	2
20	0.785	0.804	0.822	0.813	0.804	0.794	0.794	0.794	0.794	0.794	0.776	0.766	0.776	0.785	0.785	0.785	0.785	0.794
40	0.776	0.794	0.813	0.813	0.822	0.8232	0.822	0.813	0.813	0.813	0.804	0.794	0.785	0.766	0.776	0.776	0.785	0.776
60	0.776	0.785	0.804	0.813	0.822	0.822	0.822	0.822	0.813	0.813	0.804	0.804	0.804	0.785	0.776	0.766	0.766	0.776
80	0.785	0.785	0.785	0.804	0.813	0.822	0.822	0.822	0.813	0.822	0.804	0.804	0.804	0.785	0.785	0.804	0.776	0.776
100	0.794	0.776	0.804	0.804	0.813	0.822	0.822	0.813	0.813	0.822	0.804	0.804	0.804	0.804	0.794	0.794	0.794	0.804
120	0.776	0.785	0.785	0.804	0.813	0.822	0.822	0.813	0.813	0.813	0.813	0.813	0.804	0.804	0.804	0.794	0.794	0.785
140	0.766	0.794	0.794	0.804	0.804	0.813	0.822	0.804	0.804	0.804	0.804	0.813	0.813	0.804	0.804	0.804	0.804	0.776
160	0.757	0.794	0.794	0.804	0.794	0.813	0.822	0.804	0.804	0.804	0.794	0.804	0.804	0.804	0.804	0.804	0.804	0.785
180	0.748	0.794	0.794	0.804	0.804	0.813	0.822	0.804	0.804	0.804	0.794	0.794	0.804	0.813	0.813	0.804	0.804	0.785
200	0.738	0.785	0.804	0.804	0.804	0.804	0.794	0.813	0.804	0.804	0.804	0.794	0.804	0.804	0.813	0.804	0.804	0.785
300	0.729	0.757	0.804	0.804	0.794	0.813	0.794	0.785	0.804	0.794	0.804	0.794	0.794	0.794	0.785	0.785	0.785	0.776
400	0.72	0.757	0.776	0.804	0.804	0.794	0.813	0.785	0.794	0.794	0.813	0.794	0.804	0.794	0.794	0.794	0.776	0.785

　　从表 4-5 看知，本书方法构造的 H-SVMs 结构有 90.7% 居于前 5 名，9.3% 居于 6~10 位，没有居于后 5 名的，也就是说获得较高性能的 H-SVMs 结构的概率比较大。再看表 4-4，本书方法所构造的 H-SVMs 结构序号为 11、12，其中 12 占优。首先，所构造的树结构在某一参数范围内很稳定，这一方面由于构造 H-SVMs 树时只使用训练样本，而参数 (C,σ) 对训练精度的影响小，另一方面也说明本书方法的性能稳定；树 11、12 都能合理解释 H-SVMs 的分类层次，尤其是 12 与实际的分类层次吻合，这说明本书方法适合于处理实际的层次分类问题。对照表 4-4、表 4-6 可知，树 12 不仅在数量上占优，并且对应着 H-SVMs 性能最好的区域，该区域也与 (C,σ) 的优选范围吻合，因此，本书最终选择的树结构为 12。剔除树 11 以及预测精度过低的区域，得到了本书测试的优选区域，如表 4-4 的阴影部分所示，依此区域评价本书所构造的 H-SVMs，可知有 91.6% 居于前 3 名，98.5% 居于前 5 名，100% 居于前 6 名，这就说明本书方法是可取的。再将树 12 与其他树结构进行比较，发现预测精度低的树结构一般存在如下情况，将不该先分开的类别先行分开，或者将不该先聚类的先行聚类。

　　为了对比，使用多种聚类方法构造了 Glass 数据的 H-SVMs 树结构，结果见表 4-7。

表 4-7 　　　　　　　　　**不同聚类方法所构造的 H-SVMs 树结构**

聚类方法	K 均值	模糊 C 均值	自组织映射	核均值	模糊核均值	本书方法
树结构序号	11	11	11	12	12	12

为了可比性,在核聚类时,使用了与表 4-4 一致的参数,其他聚类方法的参数选用默认值。除核聚类外,其余的聚类方法都出现了"无胜出"或"全胜出"的现象,本书采用优选一类的策略加以处理。结果表明,核聚类构造的树结构与本书方法一致,其他聚类方法均有差异。

在构造 H-SVMs 时,聚类操作是针对输入空间,而决策结点又是针对输出空间,并且由于使用了核技巧,使输出空间多映射为高维空间。这样,通过一般的聚类方法构造 H-SVMs 本身就存在缺陷,即在树构造、测试阶段的运算空间、分聚类标准并不一致,因此不一定得到较优的分类树。考虑到核聚类是针对高维空间的聚类手段,一定程度上可以克服传统聚类手段的不足,但在实用上仍有问题。本书方法直接使用 SVM 聚类、分类,使输入空间、输出空间的运算、评价标准保持一致,从理论上讲比较合理。

其他方法是先通过聚类或先验知识求得 H-SVMs 树的形状,再针对决策结点训练 SVM 分类器,本书方法由于直接使用 SVM 聚类、分类,虽然在构造树结构时开销大,但也避免了重新训练决策结点的麻烦。

4.1.5　本节结论

H-SVMs 树的推广能力与样本的类别数、空间分布、容量、树结构等有关,难以找到最优的 H-SVMs。利用 SVM 最小间隔聚类、最大间隔分类方法构造 H-SVMs 树是可行、有效的,所构造的 H-SVMs 树在推广能力测试上表现稳定,接近最优,并且与样本实际分类层次吻合得较好。

4.2　ECOC SVMs 的改进策略

由第 3 章的结论可知,对给定的训练集,ECOC SVMs 的推广性能只与编码有关,如何优选编码序列是 ECOC SVMs 的关键。关于 ECOC SVMs 的基本概念见第 3 章,本节将重点介绍它的改进方法。

ECOC 是由 1 和 0 组成的一个码矩阵,设为 $M_{Q \times S}$,其中 Q 为类别数,S 为待训练的分类器数。当 $M_{qs}=1(M_{qs}=0)$ 时表示此样本相对于第 q 类而言是作为正例(负例)来训练第 s 个分类器 f_s，ECOC 的工作分两步：训练和分类。在训练过程中，依上述原则训练分类器 $f(x)=(f_1(x),\cdots,f_s(x))$；在分类过程中，对于新例 x，计算分类器 $f(x)$ 的输出向量与各类别向量的距离，使其距离最小的类即为 x 所属的类，即：

$$k = \operatorname*{argmin}_{q\in[1,Q]} d(M_q, f(x)) \tag{4-4}$$

其中，K 为 X 所属的类别，d 为距离函数，一般采用汉明距(Hamming Distance)：

$$d(M_q, f(x)) = \sum_{s=1}^{S} \frac{|m_{qs} - \operatorname{sgn}(f_s)|}{2} \tag{4-5}$$

ECOC SVMs 的训练、分类过程也可以看作是编码、解码操作。文献[74]提出通过 ECOC 来提高多类 SVMs 分类器的推广能力，并指出 1-V-R SVMs 是 ECOC SVMs 的特例，文献[75]对 ECOC 的编码做了推广，增加了"不参与码" (Don′t Care Bits)，将编码拓展为 $\{-1,0,1\}$，$M_{qs}=1(M_{qs}=-1)$ 时表示此样本相对于第 q 类而言是作为正例(负例)来训练第 s 个分类器 f_s，$M_{qs}=0$ 表示分类器 f_s 对第 q 类无效，即第 q 类不参与分类器 f_s 的训练。文献[97]中将扩展的 ECOC 称为输出编码(Output Code,OC)，认为 ECOC 只是 OC 的一种特殊编码方式。本书倾向于文献[97]的观点，这样，我们可以通过不同的 OC 组织多个 SVM 分类器实现 1-V-R SVMs、1-V-1 SVMs、ECOC SVMs，统称为 OC-SVMs。事实上，在训练、测试阶段采用合适的编码、解码操作也可以实现 H-SVMs，但这时的编码、解码函数没有统一的表达形式，无法实用。

4.2.1　ECOC 编码方法综述

在文献[74]中给出了 4 种编码方法：

① 详尽码法：对 K 类样本，ECOC 的编码范围为 $\log_2^k < L \leqslant 2^{k-1}-1$，详尽码就是取 $[1,2^{k-1}-1]$ 对应的二进制数为编码，表 4-8 所示为一 5 类别 ECOC 的详尽码。详尽码虽然纠错能力强，但码长随着类别数目呈指数增长，导致子分类器数目急剧增多，学习过程复杂，当类别数大时，一般不采用该方法。

② 列选择法：在详尽码中选择若干列作为编码，列选择可以是随机的，也可以通过一定的算法选择纠错能力强的若干列，如文献[98]的 GSAT 算法。列选择法属于非确定性算法，生成的输出码阵具有随机性，如果应用列优选算法的话，则编码过程又会复杂化。

③ 爬山法：当 $K>11$ 时，先随机产生 K 类 L 位的 ECOC 编码，然后重复寻找汉明距较小的行及汉明距较大的列，并将其局部最优化，使其汉明距最大。具

体过程为,选定 4 位汉明距较小 ECOC 编码,将各位的位置互换以提高行和列的分类程度,如图 4-1 所示。接着再随机选定 4 位,同样进行局部最优化,重复上述过程,直至得到最优的 ECOC 编码。整个过程就像爬山,所以称之为爬山法。爬山法也是一种随机算法,与列选择法性能相似。

表 4-8　　　　　　　　　　5 类别的详尽 ECOC 编码

类别	ECOC 编码														
	f_1	f_2	f_3	f_4	f_5	f_6	f_7	f_8	f_9	f_{10}	f_{11}	f_{12}	f_{13}	f_{14}	f_{15}
1	0	0	0	0	0	0	0	0	0	0	0	0	0	0	0
2	1	1	1	1	1	1	1	1	0	0	0	0	0	0	0
3	1	1	1	1	0	0	0	0	1	1	1	1	0	0	0
4	1	1	0	0	1	1	0	0	1	1	0	0	1	1	0
5	1	0	1	0	1	0	1	0	1	0	1	0	1	0	1

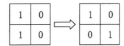

图 4-1　爬山法的局部寻优

④ BCH 法:BCH 法是利用有限域理论中的一种代数方法来设计最优 ECOC 编码的,特点是码阵中码字的个数均为 2 的幂次方,若类别数 K 不是 2 的幂次方,该方法设计的 ECOC 编码列分离不足,需要利用一些启发式方法缩短码长,减少码字数,应用起来很不方便,并且,当类别数大时,ECOC 编码会很长,增加了分类器的训练和测试时间。

除文献[74]列出的几种编码方法外,Crammer 与 Singer 提出了连续码的概念[99],并提出一种编码方法用于设计与具体问题相关的输出码,但编码过程复杂,通用性差。最近关于 ECOC 编码的研究成果是文献[100]提出的一种通用编码方法——搜索编码法,该方法适用于任意类别数的编码问题,可以根据类别数、最小汉明距等指标自动生成备选码,但无法克服存在相同列的问题。

总的来看,目前还没有通用的编码算法能对任意类别数 K 均获得适用的 ECOC 码。并且,已有编码方法最大的问题在于仅从数学角度研究编码而未与实际问题联系起来,文献[99,100]虽然将编码结果应用于实际问题中,但出发点依然是先研究编码方法后用于实际,而不是从实际问题入手研究编码方法。

从数学分析角度讲,评价编码优劣的标准有:编码规则、最小汉明距、码长,但编码与实际分类问题相结合时,不同的编码序列将赋予不同的意义,此时,编码的优劣不仅仅取决于编码表现的数学特征,更取决于编码所反映的实际问题的性能。

基于上述思考,本书以 ECOC SVMs 为例,探讨如何从实际问题出发构造 ECOC 编码。

4.2.2 ECOC SVMs 的编码与推广能力的关系

由于 ECOC SVMs 能有效地修正分类过程中的误差,使推广误差有界,因而得到了广泛研究与应用。文献[80]就 ECOC SVMs 的推广能力进行了分析,见式(3-8),认为:

① 编码长度一定,码间最小汉明距离越大,则 ECOC SVMs 的推广能力越强。

② 码间最小汉明距离一定,编码越长,则 ECOC SVMs 的推广能力越差。同时,编码越长,需训练的 SVM 数量增多,训练时间与分类速度均受影响。

③ 编码确定后,存在最优的码字分配顺序,使得 ECOC SVMs 的推广能力最好。

再分析式(3-8),可知影响 ECOC SVMs 推广误差上界的有 D'、M、N。其中,$M=[L-(d-1)/2]$,编码之间的最小汉明距 d 与编码长度 L 有关,一般地,L 越大,d 也越大,但 $(d-1)/2$ 的增量小于或等于 L 的增量,因此,M 非减,可参见表 4-8;N 也是与 L 有关的一个量,随 L 的增加而增加;$D'=\sum_{i=1}^{L}\frac{1}{\gamma_i^2}$,一般地,随着码长 L 的增加,D' 也要增加。总之,ECOC SVMs 必须有足够多的子 SVM 来做决断,也就是 L 值要足够大,但并不是 L 越大越好,从上面的分析看,L 越大反倒影响 ECOC SVMs 的性能。

对于固定的码长 L,显然,优选 L 个 γ_i 大的子 SVM 组成的 ECOC SVMs 的 D' 要小,ECOC SVMs 的性能越好;同时,尽量构造合适的编码获得较大的最小汉明距 d,以增加 ECOC 的纠错能力,提高 ECOC SVMs 的性能。

文献[80]讨论了 ECOC SVMs 的推广能力与码间最小汉明距、码长的关系,但没有说明二者之间的联系,研究的出发点仍是从编码本身出发,而没有考虑编码的现实意义,忽略了与推广能力关系最密切的 D'。另外,文献[80]认为存在最优的编码序列,但没有给出解决办法。

　　显然,如何确定码长、码列很棘手,也难以通过有效的数学分析找到答案,依靠穷举搜索则明显不可行,并且无法给编码以合理解释。看来,答案还需从分类问题本身找。

　　ECOC SVMs 的实质是训练若干两类的 SVM,然后依据这些两类 SVM 判别的结果来判定未知样本的类别。本书认为利用最小汉明距判定样本类别也相当于投票表决,与 1-V-1 SVMs 不同的是,1-V-1 SVMs 投票原则是每个子 SVM 将票直接投给其认定的某一类别,ECOC SVMs 的投票原则是将票同时投给其认定的若干类别;在唱票阶段,1-V-1 SVMs 是直接按得票数裁定样本类别,而 ECOC SVMs 则选择与最多子 SVMs 保持一致的结果。由于每列编码都对应一子 SVM,因此,构造 ECOC 编码的过程就是决定哪些子 SVM 拥有投票权的过程,显然,将投票权交给推广性能好的子 SVM 显得尤为重要。这样,上述问题其实就是如何构造一个由一定数量两类 SVMs 组成的推广性尽可能优的表决器,其中,如何筛选具有较优推广能力的子 SVM,如何确定参与表决的子 SVM 个数,是问题的关键。

4.2.3　构造 ECOC SVMs 的新方法

　　通过上面的分析可知,从所有划分 K 类样本的子 SVM 中优选分类间隔大的 SVM 可以得到推广性能好的 ECOC SVMs。考虑到现实问题中多数情况为不完全可分,不能以分类间隔评价 SVM 的推广性能,下面以本书提出的最大间隔分类原则优选子 SVM。从 UCI 数据集中选取了 Segment、Satimage、Shuttle、Glass 等数据进行测试,测试中的参数选择、检验方法同 4.1。测试过程如下:给定 k 类样本,用详尽法构造全部 ECOC 编码列,共 $2^{k-1}-1$ 列,对每列编码训练子 SVM,然后以编码列对应的子 SVM 的推广性能对所有编码排序,排序规则为本收在 4.1 中提出的最大间隔分类原则,从排好序的 ECOC 编码列中,依次正序选择若干列编码训练 ECOC SVMs,再逆序选择同样数目的编码列作为对比组,保持详尽码原始顺序不变,依次选择同样数目的编码列作为参照组。所选数据集的实验结果基本一致,都得到了相同规律,下面以 Segment 数据为例加以说明,结果见图 4-2。Segment 数据共有 7 类,样本特征属性 19 个,每类样本均提供训练样本 30、测试样本 300,码长范围为 3～63,在实验中,依次测试了 10～63 列编码组成的 ECOC SVMs。

　　由图 4-2 可知,按最大间隔分类原则排序后的 ECOC 编码正序序列的预测精度远好于逆序,而原始序列恰好位于中间。原始序列可以认为是随机

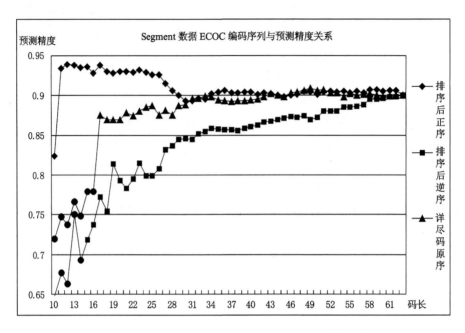

图 4-2　Segment 数据 ECOC SVMs 编码与预测精度的关系

ECOC 编码的预测结果,逆序列显然是最坏 ECOC 编码的预测结果,正序列则是较优 ECOC 编码预测结果。该实验结果表明,通过最大间隔分类排序可以获得较优推广能力的 ECOC 编码,并且正序序列、逆序序列间的重叠码越多,预测精度越接近,当码长增加到一定程度时,正序列预测精度降低并且趋于稳定,原始序列在波动中增加,最后也趋于平缓,逆序列则一直保持增加。这说明当码长增加时,如果新增列对应的 SVM 推广性能好的话,则编码的性能提高,如逆序列;如果新增列推广性差的话,则编码的性能降低,如正序列;原始序列中,一开始码长小,性能也差,但随着码长的增加,码间最小汉明距增大,推广性能得到改善,但码长继续增加时,推广性差的码列也增多,导致整体性能不再增加。这也印证了文献[80]的结论,即 ECOC SVMs 的推广能力由推广性好的前 $[L-(d-1)/2]$ 个 SVM 决定,与推广性最差的 $(d-1)/2$ 个 SVM 的分类精度无关,但本书实验进一步说明当推广能力好的编码数不足时也会影响 ECOC SVMs 的推广能力,此时,ECOC SVMs 的推广性能就与推广性差的 SVM 有关系。更重要的是,通过实例,本书给出了构造具有较优推广性能的 ECOC 编码的方法。

图 4-3 是图 4-2 中各组 ECOC 编码的最小汉明距与编码长度的对照图，ECOC SVMs 的推广能力与编码长度、码间最小汉明距的关系见图 4-4。通过图 4-3、图 4-4 可以看出，ECOC SVMs 的预测精度与最小汉明距的关系并不一定都随着最小汉明距的增加而增加，也不一定随着编码长度的增加而减少，而是与编码长度、最小汉明距呈复杂的三维关系，这与文献[80]的结论有出入。

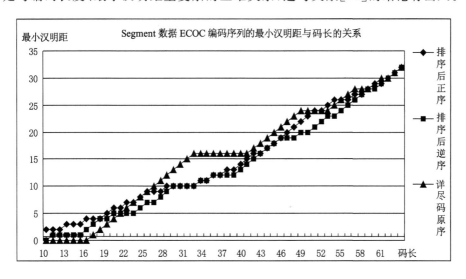

图 4-3 Segment 测试中 ECOC 编码序列的最小汉明距与码长的关系

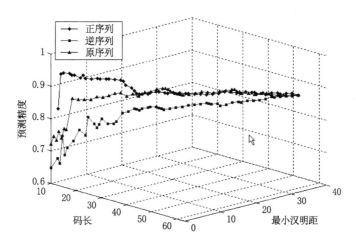

图 4-4 ECOC SVMs 的推广性能与码长、最小汉明距的关系

经过实际测试，验证了我们在 4.2.1 中的推测，即编码列对应的 SVM 的推

广性能对 ECOC SVMs 的性能影响最大,码长、最小汉明距等只是编码表现的数学特征,找到一定数量的推广性能较优的子 SVM 是提高 ECOC SVMs 性能的关键。当无法找到较优推广能力的子 SVM 序列时,或者认为所有的子 SVM 推广性能一致时,这时,只能从编码本身考虑 ECOC SVMs 的性能,则码长、最小汉明距可作为 ECOC SVMs 推广性能的评价指标,见文献[97,80]。

详尽码法可以确保编码列与列之间既不相关,又不互补,但当码长小时,ECOC 编码就可能出现相同的行,这将导致无法确定待定样本该属于何类。此时,需要采取补救措施:① 重复从编码表中就近补选编码列替换已有的若干列,直到没有行相同的编码为止,但这将影响到 ECOC SVMs 的测试效果;② 增加训练若干针对相同行的 SVM 分类器,对 ECOC SVMs 的判定结果继续判定,以区别行相同的各类别。如图 4-3 所示,逆序列与原始序列在码长较小时均出现了最小汉明距为 0 的情况,也就是有行相同的编码,严格来讲,此时的 ECOC 编码是错误的,但为了方便比较,在采用措施②加以处理后,依旧保留了这部分编码,在图 4-2 中用·标记。

4.2.4 构造较优 ECOC SVMs 的若干措施

虽然可以通过最大间隔分类原则构造性能较优的 ECOC SVMs,但样本类别数过大时,测试全部详尽码将非常耗时,测试次数与样本类别数 K 的关系为 $O(2^{k-1}-1)$,这将严重影响训练、分类速度。并且,由于类别数增多,不确定因素增加,过多的 ECOC 编码列也增加了优选的难度。

通过上面的分析,我们知道,为了获得较优的 ECOC SVMs,增加编码长度是必要的,如图 4-2 中的原始序列、逆序列;再者,要尽量避免性能差的编码列,如图 4-2 的逆序列,至少保证 ECOC SVMs 性能不坏。排序最合理的编码序列也许存在,但一般找不到,并且也没必要找到,因为 ECOC 编码的地位是同等的,确定了编码列后,便与他们的排列次序无关,我们只要得到推广能力较优的一组编码列即可,在该组内的编码序列如何排序并不影响 ECOC SVMs 的性能。

对于 ECOC SVMs 来说,一方面要选择推广能力较优的 SVM;另一方面,要尽量避免推广能力差的 SVM。如果无法确定所构 SVM 是否较优,那至少要确定它不差。对大类别数,可以本着至少不差的原则来构造 ECOC 编码,以下是可行的几种区分编码性能的方法。

（1）利用先验知识

在领域问题,通常会有一些启发性的知识,比如,对人分类,则人可能有男成人、女成人、男儿童、女儿童,但无法知道哪一类更多一些,可行的做法是按性别分成男、女两类;或按年龄分为成人、儿童两类,总不至于出现男成人、女儿童对女成人、男儿童分类。

通过先验知识建议若干对样本空间的较好划分结果,再将划分结果转化为 ECOC 编码是可行的途径。

(2) 聚类方法

一般地,两类样本越相似,则它们越类同,在 ECOC 中,应赋予相同的位码;两类样本分类间隔越大,则它们的差异越大,在 ECOC 中,应赋予不同的位码。参考 4.1 中最小间隔聚类的思路,首先对 K 类样本间分别训练 SVM,共有 $K(K-1)/2$ 个,然后依照最小间隔聚类规则对各子 SVM 以聚类优先级进行排序。对于每个子 SVM,都对应一列 ECOC 编码,编码的原则为参与该 SVM 训练的两类样本的位码为 1,其余类别的位码为 0,这样可以得到一 ECOC 编码的矩阵,$M_{K \times k(k-1)/2}$。显然,序号越靠前的列对应的子 SVM 的推广能力越好,因此,正序选取若干列组成 ECOC 编码比逆序选取更合理。以 Yeast(共 9 类样本)为例,采用与 Segment 相似的测试过程,结果见图 4-5 所示。

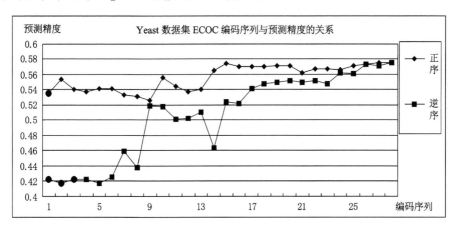

图 4-5 Yeast 数据最小间隔聚类构造 ECOC SVMs 的编码序列与预测精度的关系

通过实验可知,最小间隔聚类可以正确区分性能较优编码与较差编码,但它的区分力度仍很弱,表现在序列的预测精度起伏较大。利用最小间隔聚类生成 ECOC 编码的优点在于,每次只需要两类样本参与训练,大大降低了 SVM 的训练样本数,减少训练时间,并且在实验次数上也大为减少,缺点在于它只能生成两类对余类的编码,不一定合适。

本书仅以最小间隔聚类说明聚类方法可以辅助构造 ECOC 编码,事实上,完全可以使用多种聚类手段对样本空间进行分析,通过分析结果来设计合理的 ECOC 编码,一般先行聚在一起的样本类别的相似程度要高,可以取同一编码。

(3) 利用 H-SVMs

由于 H-SVMs 是描述样本类别之间的层次关系,构造合理的 H-SVMs 应该将相近的类别安置于同一结点,或位于同一子树。Yeast 数据构造的 H-SVMs 见表 4-1,结构为:$(9,((4,(5,6)),((7,8),(3,(1,2)))))$,选择如下结点:$(3,(1,2))$、$(4,(5,6))$、$((4,(5,6)),((7,8),(3,(1,2))))$、$((7,8),(3,(1,2)))$构造 ECOC 编码,对同结点的所有类别赋予相同的编码,依此获得 4 列新编码,将它们添加到图 4-5 对应的编码列中,进行测试,原逆序列与添加新编码后的逆序列对比见图 4-6。明显,新加编码改善了 ECOC SVMs 的性能。

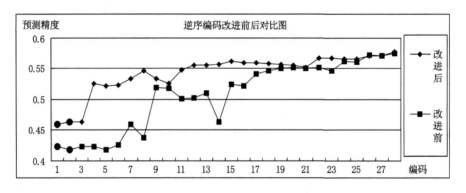

图 4-6　图 4-5 的逆序编码改进前后预测精度的对比图

上面的 H-SVMs 是通过最小间隔聚类构造的,构造 H-SVMs 的方法还有很多,根据位于同一子树的样本类别应具有相同编码的原则设计 ECOC 编码,对 ECOC SVMs 是有益参考。

4.2.5　本节结论

以最大间隔分类原则优选 SVM 是构造 ECOC SVMs 的新思路,与传统 ECOC SVMs 不同的是,它从实际问题出发构造 ECOC 编码,而不是从编码自身考虑。结果显示,组成 ECOC SVMs 的子分类器的性能对 ECOC SVMs 性能的影响是决定性的,如何优选子 SVM 以及确定它们的个数是构造 ECOC SVMs 的关键,在不考虑子 SVM 推广性能的时候,再考虑通过调控码长、码间最小汉明距改善 ECOC SVMs 的性能。

4.3 本章小结

在第 3 章理论分析的指导下,本章对 H-SVMs、ECOC SVMs 的推广性能进行了总结,通过推广性能的分析得到了两种多类 SVMs 的改进方法。主要贡献在于:

① 总结了 H-SVMs 的构造方法,分析了 H-SVMs 的推广性能,得出 H-SVMs的推广性能与样本类别、容量、空间分布、树结构有关,指出 H-SVMs 的结点层次越高,优先级就越高,就应该优先分配推广性能好的子 SVM。提出了最大间隔分类、最小间隔聚类构造 H-SVMs 的新方法,并通过实验证明了方法的有效性。

② 提出了构造 ECOC 的新思路,即通过实际问题选择编码,赋予编码以实际意义,而不是从数学分析角度出发,以最小汉明距、码长为标准去构造 ECOC。提出了最大间隔分类原则优选子 SVM 的方法,并以此为依据构造了新的 ECOC SVMs,在实验中取得了良好效果。

第5章 SVM 在矿井突水水源分析中的应用

从本章开始,将本书关于 SVM 的研究成果应用于矿井突水的分析、评价与预测中,为矿井突水防治提供新的科学方法。矿井突水防治的前提是正确识别突水水源,只有清楚水源,才能确定突水的预计水量以及估计水灾的危险程度,本章将综合应用 SVM 理论识别矿井突水水源并尝试预测异常的水文地质现象。

5.1 矿井水源识别方法综述

矿井突(涌)水是我国煤矿开采中经常遇到的严重自然灾害之一,对矿井突(涌)水水源的判别是疏干、降压、注浆等防治水工作的基础。水文地球化学方法是判别水源的有效方法[102-111],已有的分析方法可以归结为五类:专家经验[107, 109]、多元统计[103, 104, 111]、灰色关联度[102, 106]、模糊综合评价[108]、神经网络[105, 110]。其中,专家经验完全由熟悉水文地质条件的专家根据经验判定,没有统一的判定规则;多元统计方法从已有的判定样本出发,对样本进行聚类、回归分析,得到回归方程、聚类距离等明确表达的判定规则,较专家经验比,数学理论严密,分析方法更科学,减轻了对专家经验的依赖,但多元统计方法严重依赖于模型的选择,如回归方程选择不当,就很难得到正确结论;灰色关联度方法主要是应用灰色关联度来计算预测值与样本的关联程度,根据关联程度判定预测值最接近何类样本,该方法简单易用,可以分析多水源及其混合情况,但该方法在关联度的计算上存在缺陷[112, 113],在实用上需慎重考虑;模糊综合评价法是基于模糊数学的一种分析方法,就问题实质来说,各水源间的混合势必导致水源呈现出不确定性,而模糊数学恰好是描述这种不确定性的工具,但该方法在隶属度函数、模糊推理规则的选择上仍依赖专家经验[37];神经网络能比较有效地解决非线性、不完全的、模糊的决策问题,是突水水源判定的新方法,但神经网络中有许多重要的问题尚没有从理论上得到解决,在实际应用中仍有许多因素需要凭经验确定。

除了专家判别外,上述方法均基于传统的统计学习理论,即当样本数目趋向无穷大时的极限特性,但在文献[102-111]中每类水源所支持的训练样本数最大为 12,前提条件远远不够,这也是现有理论和方法的一个根本问题[38]。

下面将本书关于 SVM 的研究成果应用于矿井突水分析中,对文献[110,111]的数据进行分析,建立矿井突水识别的 SVM 模型,并利用模型去推测异常的水文地质现象,具体过程如下。

5.2　水源分析 SVM 建模

5.2.1　SVM 训练样本

见表 5-1,为了方便比较,直接使用文献[110]的数据,由两个含水层的 10 个水样组成,其中 1、2、3 水样为 Ⅰ 类水源,标记为(−1),4、5、6 水样为 Ⅱ 类水源,标记为(+1),7、8、9、10 水样为待识别水样,每个水样测定 10 个水化学指标。

表 5-1　　　　　　　　　　　　　水质分析表

水样编号	水质类型	离子含量/(mmol/L)									pH	SVM 预测值	
		Ca^{2+}	Mg^{2+}	Na^+	K^+	Cl^-	HCO_3^-	SO_4^{2-}	NO_3^-	F^-			
1	Ⅰ	0.69	0.4	20	0.2	1.31	12.37	7.6	0.04	0.21	8.4	Ⅰ	−1
2	Ⅰ	0.58	0.5	20.87	0.1	1.65	12.18	8.12	0.11	0.21	8.7	Ⅰ	−1.102
3	Ⅰ	0.58	0.46	22.09	0.15	1.45	11.7	7.96	0.1	0.16	8.78	Ⅰ	−1.198
4	Ⅱ	1.94	1.83	4.35	0.26	0.92	5.07	1.94	0.11	0.14	7.9	Ⅱ	1.228
5	Ⅱ	2.21	2.42	3.57	0.1	1.16	5.13	2.44	0.11	0.13	7.5	Ⅱ	1.297
6	Ⅱ	1.44	1.92	6.09	0.15	1.07	5.56	2.55	0.1	0.13	7.56	Ⅱ	1
7	未知	0.44	0.57	20	0.1	1.6	11.12	8.01	0.11	0.19	8.8	Ⅰ	−0.955
8	未知	0.82	0.6	19.89	0.23	1.18	11.8	7.7	0.02	0.18	8.12	Ⅰ	−0.955
9	未知	1.5	1.55	6.87	0.05	1.16	5.75	2.81	0.11	0.13	7.7	Ⅱ	0.896
10	未知	1.82	1.79	6.22	0.14	1.1	5.54	2.58	0.12	0.13	7.58	Ⅱ	0.987

5.2.2　SVM 参数的确定

SVM 模型的参数有常数 C、核函数类型 K。通过实验知 $C \geqslant 1$ 时对训练结果均无影响,取 $C=1$。常用的 SVM 核函数有:① 线性核,$K(x,y)=(x \cdot y)$;

② 多项式核:$K(x,y)=(x\cdot y+1)^d$,d 是自然数;③ RBF 核(Gaussian 径向基核):$K(x,y)=\exp\left\{\dfrac{-\parallel x-y\parallel^2}{2\sigma^2}\right\}$,$\sigma>0$;④ Sigmoid 核:$K(x,y)=S(a(x\cdot y)+t)$,$S$ 是 Sigmoid 函数,a,t 是某些常数。常用核函数及参数的训练结果见表5-2。

表 5-2　　　　　　　　　SVM 的核函数及参数训练结果

核函数类型及参数值	平均错判率(Avg CV error)	标准差(stddev)
线性核	0	0
多项式核,$d\leqslant5$	0	0
多项式核,$5<d\leqslant10$	50.0%	52.704 6
Gaussian 径向基核,$0.1\leqslant6\leqslant10$	0	0

由表 5-2 可知,使用线性核能很好地对水样进行分类;假如选择多项式核的话,次数不能大于 5;RBF 核也可以对样本很好地分类,但 σ 取值很难确定,过大、过小都会影响模型的推广能力。一般地,线性可分的就不再选用高维分类,因此选用线性核。

5.2.3　SVM 模型的训练结果

选用 $C=1$,线性核的 SVM 训练结果如下:

支持向量样本号:1,6;

法向量 $\boldsymbol{W}^*=[0.005\ 6,0.011\ 4,-0.103\ 4,-0.000\ 4,-0.001\ 8,$
$-0.050\ 6,-0.037\ 5,0.000\ 5,-0.000\ 6,-0.006\ 2]$;

偏差参数 $b^*=2.026\ 5$;

判别规则:

$$f(x)=\text{sign}((\boldsymbol{W}^*x)+b^*) \tag{5-1}$$

5.2.4　SVM 判别结果分析

利用公式(5-1)预测未知水样结果见表 5-1 中的 SVM 预测列,预测结果正确。所得到的法向量($\boldsymbol{W}^*$)与文献[110]采用的人工神经网络方法得到的评价指标权重对比见表 5-3。

表 5-3　　　　　　　　　法向量与人工神经网络权重比较

| 判别方法 | Ca^{2+} | Mg^{2+} | Na^+ | K^+ | Cl^- | HCO_3^- | SO_4^{2-} | NO_3^- | F^- | pH |
	W_1	W_2	W_3	W_4	W_5	W_6	W_7	W_8	W_9	W_{10}
法向量	0.005 6	0.011 4	−0.103 4	−0.000 4	−0.001 8	−0.050 6	−0.037 5	0.000 5	−0.000 6	−0.006 2
神经网络	0.502 8	−0.104 8	0.143 7	1.155 1	0.429 5	0.088 1	−0.039 9	0.949 2	0.993 7	−0.475 8

由表 5-3 可知,文献[110]所用方法虽然对未知水样的判定正确,但泛化能力弱,所求得网络权重不能正确反映各指标的重要性,显然,权重大的 K^+、NO_3^-、F^- 并不是水源判别的优势指标。如果用更多水样检查的话,该模型出错的概率率就会增加,原因在于原始训练样本数量过少,这也正是神经网络学习的难题,而 SVM 能最大限度地减少因样本数少而导致的经验误差,具有较强的适应性。

与神经网络比,法向量各分量的大小更真实地反映了指标对水样判别的贡献,对法向量(W^*)各分量按绝对值排序,可知判别效果最佳的离子是 Na^+(−0.103 4)、HCO_3^-(−0.050 6),与实际相符。事实上,完全可以由 Na^+、HCO_3^- 两种离子来判定水样类型,重新选择判别指标对 SVM 进行训练,得到的判别函数为:

$$f(x) = \text{sign}((x) + b), W = [-0.1160, -0.0568], b = 2.022$$

用该函数判别未知水样,结果全部正确,这对水质化验指标的选择提供了有益的参考,如果只需判别这两类水源,只需化验 Na^+、HCO_3^- 即可。

5.3　多水源分析的 SVM 模型

5.3.1　多水源判别的训练样本

上面的方法仅仅能区分两类水样,事实上,矿井的含水层多,层与层之间有复杂的水力联系,对多水源的判别一直是困扰矿井生产的难题,至今仍未得到很好解决,下面研究如何利用 SVM 分析多水源。为方便比较,引用文献[111]中的数据,见表 5-4,共有 35 个水源样本,分为 4 类,Ⅰ 是二灰和奥陶纪含水层,Ⅱ 是八灰含水层,Ⅲ 是顶板砂岩含水层,Ⅳ 是第四系含水层(砂砾石成分以石灰岩为主),选取 6 种离子组合作为判别指标。

表 5-4   **多水源样本**

序号	离子含量/(mmol/L)						类别
	$Na^+ + K^+$	Ca^{2+}	Mg^{2+}	Cl^-	SO_4^{2-}	HCO_3^-	
1	11.98	76.15	15.56	8.5	26.9	292.84	I
2	19.34	65.73	18.48	10.64	67.24	239.19	I
3	11.5	84.57	24.81	19.86	82.61	253.83	I
4	19.78	52.5	16.29	9.93	37.66	229.43	I
5	35.1	46.2	17.6	35.8	43.2	212.9	I
6	44.88	73.24	24.8	24.07	85.97	303.56	I
7	10.29	61.23	29.33	12.16	47.46	309.85	II
8	10.64	59.3	28.4	12.59	34.7	291.68	II
9	8.0	69.3	26.39	10.96	43.88	295.24	II
10	6.45	63.43	24.1	9.24	41.9	266.34	II
11	8.3	63.5	26.9	11.19	43.85	282.52	II
12	7.1	63	24.7	7.35	37.8	266.13	II
13	7.7	67.1	39	8.82	46.5	281.57	II
14	7.0	68.7	24.9	11.7	43.77	282.16	II
15	17.85	62.96	17.28	6.68	23.31	284.57	II
16	13.59	61.59	18.85	6.68	23.57	276.69	II
17	10.0	63.87	32.83	4.06	65.09	295.87	II
18	12.69	69.39	29.38	13.64	34.54	325.08	II
19	98.1	3.1	1.1	23.5	43.84	638.7	III
20	207.35	34.75	11.16	23.78	46.54	558.82	III
21	311.75	16.25	2.04	33.58	20.56	736.76	III
22	303.12	10.24	8.55	32.84	17.47	773.45	III
23	304.82	5.77	3.61	40.77	53	628.96	III
24	257.23	0.00	0.00	27.22	12.24	428.71	III
25	502.45	0.00	2.48	29.04	9.79	1105.8	III
26	309.33	0.00	0.00	29.03	0.00	562.17	III
27	358.58	10.22	3.72	32.68	14.69	691.17	III
28	9.1	86.5	31.8	22.4	57.8	348.31	IV
29	13.25	99.2	31.1	29.85	83	361.12	IV
30	9.2	106.7	39.1	40.1	69.8	402.1	IV

续表 5-4

序号	离子含量/(mmol/L)						类别
	Na$^+$＋K$^+$	Ca^{2+}	Mg^{2+}	Cl$^-$	SO$_4^{2-}$	HCO$_3^-$	
31	17.3	98.2	20.6	20.24	53.2	354.4	Ⅳ
32	4.68	69.14	22.93	26.67	13.38	251.26	Ⅳ
33	19.58	74.67	16.92	24.46	27.62	272.94	Ⅳ
34	19.9	70.47	16.78	18.4	10.79	294.47	Ⅳ
35	20.54	51.73	16.04	24.34	12.34	236	Ⅳ

5.3.2　多水源分析的 H-SVMs 模型

多水源分析要用多类 SVM,常用的多类 SVM 算法见本书第 3 章。在多水源分析中,应用效果最好的是 H-SVMs,使用本文在第 4 章提出的最大间隔分类算法构造水源分析的 H-SVMs 模型,每次训练都使用上面确定的参数,即 $C=1$,线性核。利用表 5-4 中的数据构造的 H-SVMs,结果见图 5-1。

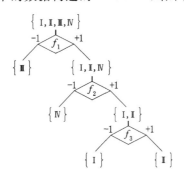

图 5-1　多水源判别的 H-SVMs 分类树

5.3.3　多水源 H-SVMs 的判别规则与结果分析

由 H-SVMs 分类树得到水源判别规则见表 5-5,判别函数 f_1、f_2、f_3 的状态组合确定了水样的类别。其中,$f_i(x)=\text{sign}((W_i,x)+b_i)$,$i=1,2,3$,判别函数参数值见表 5-6。利用表 5-5 的判别规则对文献[111]中的检验水样进行判别,结果见表 5-7。

表 5-5　　　　　　　　　　　　　　　多水源判别规则

类别	f_1	f_2	f_3
Ⅰ	+1	+1	−1
Ⅱ	+1	+1	+1
Ⅲ	−1		
Ⅳ	+1	−1	

表 5-6　　　　　　　　　　　　　　判别函数 f_i 的参数值（W_i、b_i）

| 判别函数 | $Na^+ + K^+$ | Ca^{2+} | Mg^{2+} | Cl^- | $SO_4{}^{2-}$ | HCO_3^- | b_i |
	W_{i1}	W_{i2}	W_{i3}	W_{i4}	W_{i5}	W_{i6}	
f_1	−0.005 5	0.003 5	0.001 3	0.000 5	0.001 4	−0.004 5	2.320 8
f_2	0.101 0	−0.096 2	−0.016 9	−0.239 7	0.090 9	0.001 5	6.531 4
f_3	−0.050 0	−0.192 0	0.128 7	−0.037 5	−0.003 7	0.065 4	−6.532 3

表 5-7　　　　　　　　　　　　　突水水源 SVM 分类树判别及验证

水样	$Na^+ + K^+$	Ca^{2+}	Mg^{2+}	Cl^-	SO_4^{2-}	HCO_3^-	f_1	f_2	f_3	原类	判类	验证
1	23.76	66.4	19.59	18.13	57.26	255.29	+1	+1	−1	Ⅰ	Ⅰ	正确
2	9.97	64.45	26.84	9.59	40.53	288.14	+1	+1	+1	Ⅱ	Ⅱ	正确
3	294.75	8.93	3.63	30.27	24.24	680.51	−1			Ⅲ	Ⅲ	正确
4	14.19	81.96	24.41	25.81	40.99	315.08	+1	−1		Ⅳ	Ⅳ	正确

　　与文献[111]中的判别规则比,SVM 分类树更直观,结构简单,计算方便,容易提取判定规则,并且法向量 W_i 各分量表征了相应指标在水源判别中的作用。根据表 5-6,判别函数 f_1 的法向量 W_1 的分量 W_{11}(−0.005 5)、W_{16}(−0.004 5)较其他分量大,说明对应的 $Na^+ + K^+$、HCO_3^- 是水源Ⅲ的指示离子,这与Ⅲ是顶板砂岩水、类型为 $HCO_3^- + K^+ + Na^+$ 相吻合;水源Ⅰ、Ⅱ、Ⅳ为灰岩类水,Ⅲ与Ⅰ、Ⅱ、Ⅳ两种不同类型水的优先分开符合实际,同时也说明分类树的选择是正确的。接下来,利用 f_2 将水源Ⅳ(第四系水)与水源Ⅰ(二灰水)、Ⅱ(八灰水)分开,也就是将第四系含水层与灰岩含水层优先分开,指示离子为 $Na^+ + K^+$、Cl^-;最后用 f_3 区分Ⅰ(二灰)与Ⅱ(八灰)水源,指示离子为 Ca^{2+}、Mg^{2+},符合Ⅰ是低硬度水、Ⅱ是高硬度水的实际情况。

　　可见,多类 SVM 不仅能将多水源正确分类,还能对分类指标进行分析,弥补了其他方法的不足。

5.4　SVM 在混合水源分析中的应用

在上面的论述中,SVM 对水源进行判别时,只需知道判别值的正、负即可,判别值的大小是否对水源分析有参考价值?异常的判别值是否预示着某种水文地质现象?下面,将对此加以分析。

5.4.1　研究区概况(Research Area)

刘桥二矿位于淮北市濉溪县境内,1984 年建井,主采煤层为二叠系下石河子组和山西组的 4#、6# 煤层。6# 煤底板为平均厚度约 60 m 的砂页岩相对隔水层,其下为太原群多层灰岩含水层(简称太灰含水层)。太灰含水层在矿区范围内普遍发育并和奥陶系强含水层(简称奥灰含水层)有一定的水力联系,尤其是两含水层间由于岩石破碎、断层、陷落柱等出现导水通道时,常发生灾难性的事故。在该矿附近,就时有重大突水事故发生,如 1988 年杨庄矿突水,淹没开采水平;1995 年任楼矿突水,造成淹井;河南省陈四楼矿、葛店矿 1999 年突水造成停产等。

刘桥二矿在采水平中,6# 煤工作面的矿井水来源主要有顶板上的砂岩水、底板下的太灰水,奥灰水可能渗入太灰,影响太灰水质。对 6# 煤生产影响严重的是太灰水,以及通过导水通道越流而来的奥灰水。

5.4.2　混合水源分析的 SVM 模型

矿井工作面的水源多样,通常表现为以某水源为主的混合水源。6# 煤工作面各水源观察孔收集的水质化验资料见表 5-8。

表 5-8　　　　　　　　　刘二矿 6# 煤含水层水质对比表

水源	水样位置	水化学成分/(mg/L)				
		Na^+、K^+	Ca^{2+}、Mg^{2+}	HCO_{3^-}	SO_4^{2-}	Cl^-
顶板砂岩水	6# 煤顶板	991.69	132.58	229.56	1 902.78	262.12
底板太灰水	太灰观察孔	380.54	551.00	302.66	1 729.54	247.00
奥灰水	奥灰观察孔	421.6	664.68	280.91	2 098.65	262.12

表 5-8 中的水质化验是多次观测的平均值。由于 SVM 是使两类样本分开

间隔最大的超平面,当只有两个样本时,它是两样本的最优分界面。首先根据各水源的平均水质建立判别顶板砂岩水与底板太灰水的 SVM 模型,设顶板砂岩水为负类(−1),底板太灰水为正类(+1),使用与式(5-1)一致的训练参数,最后预测函数为:

法向量 $\boldsymbol{W}^* = [-0.002\ 092\ 4, 0.001\ 432\ 5, 0.000\ 250\ 27, -0.000\ 593\ 12,$
$-0.000\ 051\ 766];$

偏差参数 $b^* = 1.969\ 8;$

预测函数:

$$f(x) = (\boldsymbol{W}^* x) + b^* \tag{5-2}$$

再按比例混合顶板砂岩水、底板太灰水,形成混合水样,利用式(5-2)对混合水样预测,结果见表 5-9。

表 5-9　　　　　　　　两水源混合水样的 SVM 预测结果

混合比(砂岩∶太灰)	0∶1	1∶9	2∶8	3∶7	4∶6	5∶5	6∶4	7∶3	8∶2	9∶1	1∶0
预测值 $f(x)$	1	0.8	0.6	0.4	0.2	0	−0.2	−0.4	−0.6	−0.8	−1
判决结果	1	1	1	1	1	1	−1	−1	−1	−1	−1

由表 5-9 可知,如果两水源水质保持不变,相互混合的话,则由 SVM 的预测值 $f(x)$ 可以求出混合水样中各水源的百分比,解二元一次方程,太灰水的百分含量为 $(1+f(x))/2$,砂岩水的百分含量为 $(1-f(x))/2$。当水样由于其他水源干扰而水质发生变化时,则预测值 $f(x)$ 会出现异常。一方面,表现为 $\|f(x)\|$ 的值远大于 1,$\|f(x)\|$ 值越大则表示异常的可能越大,要格外留意过大的 $\|f(x)\|$ 值,发现后一定要辅助其他手段加以识别,排除隐患;另一方面,当 $\|f(x)\|$ 趋向 0 时,也要引起重视,这意味着两水源存在着强水力联系,混合的非常充分,一定结合水文地质条件加以验证,尤其是查清隐藏的导水陷落柱、断层等灾害性地质构造。

5.4.3　实例分析

用 SVM 分析了刘桥二矿 651 工作面的突水情况,在 651 机巷中测得 5 个水样,平均水质为 [821.97, 248.42, 263.61, 1 903.2, 252.12],预测值为 −0.470 17,得出太灰水平均含量为 26.5%,砂岩水平均含量为 73.5%,该结论与矿方用全硬度计算的太灰水平均含量为 31.2% 的结论基本一致。可见 651

机巷的主要水源为砂岩水,其次为灰岩水,太灰水水量较平常偏多,这与 651 工作面复杂的地质构造有关系。该工作面走向垂直于吕楼断层,轨道上山平行于吕楼断层,工作面内小断层较发育,使 6# 煤底板隔水层断裂,太灰水沿裂隙导入。在防治水上要严防太灰含水层突水,加强对奥灰水的监测,查明奥灰水越流补给的范围。

整个工作面,发现水质预测值异常 1 处,查明为人为因素造成,予以排除。进一步的实验结果显示,公式(5-2)对奥灰水的混入无鉴别能力,这因为奥灰与太灰是相似含水层,判别函数(5-2)无法区分。

上面的分析仅仅是针对理想的两类水质稳定的水源,实际情况要复杂得多,当水源多样且水质相近时,就很难分析出各水源的实际情况,只能大致区分大类水源,如灰岩水与砂岩水等。对多水源、雷同水源的分析,至今没有很好的识别方法,不仅 SVM 无法处理情况复杂的混合水源,其他分析方法也难以处理。比较来说,当情况简单,仅仅是两类水源,且水质稳定,用 SVM 分析水源的混合情况还是比较有效的,并且,结构简单,含义明确,其对异常情况的预测也有重要参考价值。

5.5　本章小结

利用 SVM、H-SVMs 分析了矿井突水水源,并建立了两类水源的水质分析模型,为矿井水的防治提供了新的方法。主要贡献在于:

① 建立了矿井突水水源的识别的 SVM 模型,利用最大间隔分类原则构造了多水源识别的 H-SVMs 模型,所建模型不仅能正确识别突水水源,还能对识别过程进行合理解释。

② 指出矿井突水具有良好的线性可分性,不同含水层有比较明确的指示性离子,线性 SVM 判别函数法向量分量的大小可以表征水质化验指标的权重,以此可以指导水化学监测指标的选取。

③ 利用 SVM 对水源进行判别时,预测值的大小还可以用来监测异常的水文地质现象,分析水源间的混合比,为水源分析提供了新方法。

第 6 章 SVM 在矿井突水预测中的应用

在第 5 章中,我们用 SVM 分析了矿井突水水源,本章将 SVM 应用于矿井突水的评价与预测中,为矿井水的防治探索新的技术方法。有关矿井突水预测方法的综述请参阅 1.3。

6.1 矿井突水预测与分析

6.1.1 预测方法

文献[28]利用最小二乘支持向量机研究了文献[22]的突水预测数据,并与原结果比较,取得了令人满意的结果,同时也指出突水影响因素少、突水样本数不足影响了预测精度。为了方便比较,本书仍采用文献[22]的 19 个突水样本进行研究,见表 6-1。利用本书关于 SVM 的研究成果对该数据重新测试,作为文献[28,22]结果的补充,并对几个要点问题进行了分析,提出了一些建设性的意见,具体过程如下。

表 6-1 突水实验样本(引自文献[22])

水压 /MPa	含水层 /(厚/薄)	隔水层厚度 /m	导水断裂带 宽度/m	断层落差 /m	突水等级编号	突水等级
1.1	1	20	8.5	15	1	特大
1.7	0	10	10.7	5	1	特大
1.9	1	15	13	65	1	特大
2.3	0	7.3	7.3	0	1	特大
3.11	1	44.3	14.4	3.5	1	特大
5.19	0	55.9	17	7	1	特大
0.6	1	17	8.6	8	2	大
1.08	1	16.5	16.5	3.2	2	大
1.3	1	30	18.3	4.9	2	大

续表 6-1

水压 /Mpa	含水层 /(厚/薄)	隔水层厚度 /m	导水断裂带 宽度/m	断层落差 /m	突水等级编号	突水等级
1.8	1	23	12.3	0	2	大
2.8	1	40	15	6	2	大
4.06	0	65.86	16	10	2	大
1.1	1	16	8	0	3	中
2	1	30	12.9	1.5	3	中
2.9	1	40	20.9	0	3	中
0.85	1	23.1	13.9	0.4	4	小
1.01	1	18	11.7	0	4	小
1.26	1	23.5	8.5	0	4	小
1.42	1	25.7	15.2	0	4	小

　　由于样本中的矿井突水分为 4 级，是多类识别问题，比较而言，H-SVMs 更适合于解决类别数不太多的分类问题，因此我们选择 H-SVMs 预测矿井突水。依次从每一类样本中各任选一样本，组成测试样本集，余下的样本组成训练集。各测试样本集中包含样本数为 4，测试集计数为 $C_6^1 C_6^1 C_3^1 C_4^1$，共 432 种。考虑到样本数少、训练时间短，因此本书实验了所有测试集，相当于每类别取一个样本的"留一法"，前文已经讲过，"留一法"是对 SVM 推广能力的无偏估计。当样本数增大时，全部测试将很困难，届时可以随机选取一定数目的测试集进行测试。在测试中发现，线性核 SVM 具有较好的预测精度，并且 $C=1$ 时预测精度较优，当 C 增大时，训练精度增大，但预测精度下降；RBF 核 SVM 的训练精度很高，可以达到 1，但预测精度却很低，平均不到 0.3，最好可达 0.6。文献[28]也使用了 RBF 核，根据其实验结果与所附图表，可知其预测精度在 0.6 左右，由于 RBF 核受到训练参数、核参数影响严重，并且文献[28]采用的最小二乘支持向量机，在解决多类别问题时采用了编码算法，因此，本书的 RBF 核测试的最优精度与文献[28]的提供的精度略有差异。由于 RBF 核预测精度低，并且不稳定，因此，本书选用线性核、$C=1$ 对突水样本进行了测试，测试集最优精度为 1，最差为 0，平均预测精度见表 6-2。

　　参见第 4 章关于 H-SVMs 的论述，4 类样本的 H-SVMs 层次结构共有 15 种，各层次结构与对应序号详见表 4-3。通过本书提出的最大间隔分类原则构造的最优 H-SVMs 为(1,(4,(2,3)))，序号 3；次之为(4,(1,(2,3)))，序号 10，最差为(3,(2,(1,4)))，序号 8。不同层次结构的 H-SVMs 对应的测试集的平均预测精度见表 6-2，实际测试结果也证实上面的 H-SVMs 排序结果是正确的。

表 6-2   不同 H-SVMs 结构对应的平均训练精度、预测精度（$C=1$，线性核）

结构序号	1	2	3	4	5	6	7	8	9	10	11	12	13	14	15
训练精度	0.841	0.793	0.827	0.727	0.679	0.727	0.799	0.693	0.800	0.840	0.781	0.843	0.849	0.751	0.669
预测精度	0.610	0.555	0.630	0.280	0.270	0.345	0.585	0.225	0.580	0.630	0.440	0.560	0.555	0.505	0.265

6.1.2   结果分析

选定序号为 3 的 H-SVMs 对矿井突水进行预测，精度为 0.63，该精度基本上反映了表 6-1 中突水样本的实际学习、预测能力，造成精度不高的原因主要有：样本数少、样本的信息量少，这与文献[28]的观点一致。从预测精度看，本书使用 H-SVMs 应该说是较优的，文献[22]使用 ANN 方法的测试精度是在样本数很少情况下获得的，测试效果偶然性很大，一组数据的测试效果并不能有效说明问题；文献[28]的预测精度与本书使用 RBF 核相近，也存在测试次数少，可信度不高的问题。本书使用线性核的平均预测精度为 0.63，最优情况可达 1，与文献[22,28]相比，预测精度至少不低，并且有极高的可信度，如果仅考虑预测精度的话，也可以优选测试集使预测精度达到 1。鉴于测试数据仅 19 个样本，每样本的特征数仅 5 位，并且第 3 类只有 3 个样本，用这样的样本集去分析复杂的矿井突水情况，0.63 的预测精度也说明原实验数据与矿井突水预测有很好的相关性。

如图 6-1 所示，预测精度较优的 3、10 号 H-SVMs，分别标记为 H-SVMs(3)、H-SVMs(10)，图中各判决函数 f_i 表示为：$f_i(x)=\text{sign}((W_i x)+b_i)$，测试各判决函数的平均法向量 W 如表 6-3 所示，这里，b_i 与特定的测试集有关，不再求其平均值。

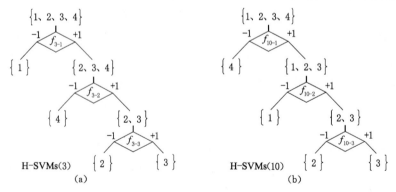

图 6-1   H-SVMs 分类树示意图

f_i 表示 SVM 分类器，1,2,3,4 表示类别

表 6-3　　　　　　H-SVMs(3)、H-SVMs(10)各判别函数的平均法向量

向量各分量 及对应特征	水压 /Mpa	含水层 (厚/薄)	隔水层厚度 /m	导水断裂带宽度 /m	断层落差 /m
	W_{i1}	W_{i2}	W_{i3}	W_{i4}	W_{i5}
$f_{3\text{-}1}$	−1.253 0	0.296 7	0.093 6	0.044 8	−0.181 5
$f_{3\text{-}2}$	0.975 5	0.000 0	0.032 4	−0.182 9	0.745 5
$f_{3\text{-}3}$	−0.145 0	0.073 7	0.099 4	−0.291 1	−0.327 0
$f_{10\text{-}1}$	1.152 4	−0.083 7	0.006 0	−0.176 9	0.737 6
$f_{10\text{-}2}$	−1.248 6	0.293 5	0.092 6	0.050 1	−0.182 1
$f_{10\text{-}3}$	−0.145 0	0.073 7	0.099 4	−0.291 1	−0.327 0

在第 5 章中,我们用 SVM 成功地区分了各类水源,并评价了各识别因子的重要性,同样,对于矿井突水来说,也可以用判别函数的法向量来评价各突水影响因素的重要性。

如表 6-3 所示,以 $f_{3\text{-}1}$ 将第 1 类样本与其他类样本分开,也就是优先将特大突水识别出来,判别函数的法向量中绝对值较大的分量为 W_{i1}、W_{i2}、W_{i5},对应的突水影响因素为水压、含水层厚度、断层落差,可解释为当水压大、含水层厚、断层落差比较大时就可能发生特大突水。可见特大突水不仅要求水压大,还要求水量大,显然厚含水层是特大涌水的必要条件,是将特大突水与其他突水情况区分开的重要指标,但在原样本中,含水层厚度仅仅分为厚、薄两级,厚度分级有待改进。同理,$f_{3\text{-}2}$ 可解释为如果有断层存在的话,在一定水压下就可能发生突水,这也与实际吻合,因为突水主要取决于水压及是否有导水通道。$f_{3\text{-}3}$ 可解释为水压大、断层落差大、导水断裂带宽,则突水大;否则突水小。其中,断层落差、导水断裂带宽是重要参考指标,但实际测试结果显示突水大、中两类样本的区分度最差,也就是说以断层落差、导水断裂带宽度区分突水级别大与中等并不理想,建议将大、中等突水级别归并为一类。突水级别大、中两类样本的区分度差也暴露了原始样本信息少的问题,缺乏判定突水级别大还是中的合适指标,应多收集有关突水因素,增强样本的学习能力。

6.1.3　优选突水影响因素

为了使学习机有良好的推广性能,一定容量的属性维是必需的,但属性维过多,也容易混杂错误信息,噪声信息,反倒影响学习机的性能。因此,选择合适的

属性维是必要的,首先要优选出对学习机影响大的属性,同时也要约简掉关系不大甚至是噪声的属性。属性约简是所有机器学习方法的重要环节,下面继续以表 6-1 的样本为例介绍如何使用 SVM 约简属性信息。

首先将大、中两类样本合并,则原样本分为三级,可以命名为:不突水、突水、特大突水,样本数分别为 4、9、6。然后,采用与上面一致的测试手段对该样本集进行"留一法"测试,参数选择也同上,即线性核,$C=1$。3 类样本可以构造 3 种 H-SVMs 分类树,其中最优的 $(1,(2,3))$,见图 6-2 所示,各 H-SVMs 的测试结果见表 6-4。

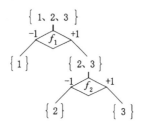

图 6-2   H-SVMs$(1,(2,3))$的示意图

表 6-4   样本合并后,H-SVMs 结构对应的平均训练精度、预测精度$(C=1,$线性核$)$

H-SVMs 结构	$(1,(2,3))$	$(2,(1,3))$	$(3,(1,2))$
训练精度	0.877	0.718 5	0.883 7
预测精度	0.660 5	0.327 2	0.657 4

由表 6-4 可知,合并样本后,H-SVMs 的预测精度有所增加,结构为 $(1,(2,3))$ 的 H-SVMs 的决策结点判别函数的平均法向量见表 6-5。然后依次约简部分属性,重复上面的测试,结果见表 6-6。

表 6-5   H-SVMs$(1,(2,3))$各判别函数的平均法向量

向量各分量及对应特征	水压 /MPa	含水层 (厚/薄)	隔水层厚度 /m	导水断裂带宽度 /m	断层落差 /m
	W_{i1}	W_{i2}	W_{i3}	W_{i4}	W_{i5}
f_1	$-1.246\ 2$	0.332 25	0.096 939	0.031 376	$-0.180\ 3$
f_2	$-1.198\ 2$	0.000 0	$-0.040\ 58$	0.159 44	$-0.753\ 46$

表 6-6　合并样本再依次约简属性后 H-SVMs(1,(2,3))的预测精度(C＝1,线性核)

H-SVMs 结构	(1,(2,3))	(2,(1,3))	(3,(1,2))
原始数据	0.660 5	0.327 2	0.657 4
约简水压	0.587	0.545 9	0.561 9
约简含水层	0.716	0.338	0.705 2
约简隔水层厚度	0.608	0.334 9	0.600 3
约简导水断裂带宽度	0.762 3	0.412	0.751 5
约简断层落差	0.553 7	0.516 9	0.550 1
约简导水断裂带宽度、含水层	0.638 3	0.583 9	0.639 8

由表 6-6 可知,约简某些属性后,H-SVMs 的性能得到改善,如约简导水断裂带宽度、含水层;但约简另外一些属性后,H-SVMs 的性能下降,如水压、断层落差以及隔水层厚度。这说明,有些属性对矿井突水的作用小,甚至于无,如果选择了该类属性,只是增加了噪声信息,甚至于错误信息;还有一些属性不是与矿井突水没关系,只是属性本身精度差,最终影响了学习机的性能,如含水层的厚薄对矿井突水非常重要,但由于样本信息量少,且精度偏低,也会导致学习机性能下降。因此,我们不仅要选择合理的属性来做预测,更要保证属性信息有足够的精度。

通过测试,我们可以得到本书示例的属性约简结果,当属性多、样本类别数多、样本数又大时,就很难逐一测试。前面已经讲过,线性可分 SVM 判别函数的法向量可以表示其对应属性的重要程度,一般情况,该结论是成立的,可以用来指导 SVM 优选属性集。见表 6-5 中 f_1 的法向量,最小的分量正好对应导水断裂带宽度,最大的对应水压,与实际结果吻合。唯一例外的是含水层属性,该属性在 f_1 中所对应的法向量的分量值并不小,但在 f_2 中却小得很,也就是说,含水层厚度的划分精度低,在 f_2 中丧失了分辨能力。可见,用线性 SVM 法向量的分量可以描述对应属性的重要程度,以指导我们优选重要属性,约简噪声属性,但有时会受属性精度、样本分布、以及属性数据尺度的影响,关于该部分内容可参见文献[114]。目前存在的问题在于仅仅是线性核 SVM 有此规律,当 SVM 通过其他核函数将属性空间映射到高维特征空间后,就无从知晓映射后属性空间的维数、形态,也就无法评价原属性空间的性质。对高维空间下 SVM 特征属性的研究仍没有可行的思路,这已成为 SVM 在数据挖掘领域深入应用的瓶颈。

通过上述分析可知,SVM 不仅能预测矿井突水大小,还能对突水评价指标进行分析,以指导突水的分类、分级,以及分析突水影响因素,更重要的是,通过SVM的判别函数所反映的信息,可以从中发现突水规律,甚至于提取突水规则,下面将介绍如何利用SVM结合粗糙集理论提取突水规则。

6.2　矿井突水规则的获取方法

粗糙集理论(Rough Set,RS)[115, 116]是一套进行数据分析和推理的数学理论,是由波兰数学家 Z. Pawlak 提出的,该方法以测试样本数据进行分类为基础,对数据进行分析和推理数据间的关系。它是基于不可分辨性的思想和知识约简的方法,从数据中推理逻辑规则作为知识系统的模型;SVM 则是以结构风险最小化为原则,使两类样本分类间隔最大的分类器,通过核函数映射实现输入与输出空间之间的隐函数关系。两者既有各自特点,又有共同之处,探索两者的有机结合具有重要意义。

粗糙集方法在数据分析中能够解决的基本问题包括[117]:① 根据属性值表征对象集;② 发现属性间的(完全或部分)依赖关系;③ 冗余属性(数据)的简化;④ 发现最重要的属性(核);⑤ 生成决策规则。

SVM 的主要功能包括[31,35,38]:① 分类;② 回归分析。用于分类问题的是支持向量分类机(SVC),用于回归分析的是支持向量回归机(SVR)。

在数据预处理与结果分析方面,SVM 不能接受属性缺失数据,但它可以同时处理连续和离散数据;RS 可以允许属性数据缺失,但它只能处理离散数据;在结果分析上,SVM 通过明确的数学函数判别样本类别,RS 没有明确的数学表达,但它可以系统地分析条件属性与结论,提取、简化判定规则。

RS 的缺点是:容错能力与泛化能力弱,且只能处理离散数据,而这恰好是SVM 的长处;SVM 的缺点是:不能事先确定数据中哪些知识是冗余的,哪些是有用的,哪些作用大,哪些作用小,而这正是 RS 的长处。可见 RS、SVM 在数据预处理、结果分析以及各自解决问题的范围存在较强的互补性。

目前,RS、SVM 结合的一般模式为:采用粗糙集的属性约简方法以减少属性个数,优选合适的属性集来训练 SVM,使 SVM 模型具有一定的抗信息丢失能力,并且属性的减少也加快了 SVM 的训练速度,这种组合也称为粗支持向量机(RSVM)[118],它集成了 RS 属性约简能力强和 SVM 推广性能优的特点,取得了很好的实用效果。

从功能上讲,RSVM 只是 RS、SVM 对数据的协同处理,各自的工作原理与方式并没有任何改变,称为 RSVM 有些勉强。笔者更倾向于 RS、SVM 是等同的,可以称为粗糙集—支持向量机方法(RS-SVM);同理,当我们使用 SVM 对数据进行预处理,再通过 RS 提取判定规则时,可称为支持向量机—粗糙集方法(SVM-RS),而不是支持向量粗糙集(SVRS)。

下面介绍如何将 SVM 与 RS 结合起来,取长补短,共同完成矿井突水预测工作,与 RS-SVM 方法不同的是,本书利用 SVM 预处理数据,再用 RS 提取决策规则,是 SVM-RS 模式。为了便于论述,下面针对本书内容对 RS 的基本理论加以论述。

6.2.1　粗糙集理论的基本概念[115,116]

(1) 知识库和信息系统

知识库就是一个关系系统 $K=(U,R)$,其中 U 为非空有限集,称为论域,R 是 U 上的一个等价关系。若 $P\subseteq R$,且 $P\neq\phi$,则 $\bigcap P$(P 中所有等价关系的交集)也是一个等价关系。称为 P 上的不可区分关系,记为 $\mathrm{ind}(P)$。

一个信息系统定义为四元组:$S=\{U,Q,V,f\}$。其中:U 为对象集,即论域;$Q=C\bigcup D$ 为属性集合,其中 C 为条件属性集,D 为决策属性集;V 为各属性的值域;f 为 $U\times Q\rightarrow V$ 的映射,它为 U 中各对象的属性指定唯一值。

(2) 上、下近似集和正域

知识库 $K=(U,R)$,对于每个子集 $X\subseteq U$ 和一个等价关系 $R\in\mathrm{ind}(K)$,定义 $\underline{R}X=\bigcup\{Y\in U/R|Y\subseteq X\}$,$\overline{R}X=\bigcup\{Y\in U/R|Y\bigcap X\neq\phi\}$,分别称它们为 X 的 R 下近似集和 R 上近似集,$POSR(X)=\underline{R}X$ 称为 X 的 R 正域。

(3) 知识约简

所谓知识约简就是在保持知识库分类能力不变的条件下,删除其中不相关或不重要的知识。令 P 为一等价关系 $R\in P$,如果 $\mathrm{ind}(P)=\mathrm{ind}(P-\{R\})$,则称 R 为 P 中不必要的;否则称 R 为 P 中必要的。

设 $Q\subseteq P$,若 Q 是独立的,且 $\mathrm{ind}(Q)=\mathrm{ind}(P)$,则称 $Q\subseteq P$ 为 P 的一个约简。P 中所有必要关系组成的集合称为 P 的核,记为 $\mathrm{core}(P)$。核与约简有如下关系:
$$\mathrm{core}(P)=\bigcap \mathrm{red}P$$
其中 $\mathrm{red}(P)$ 表示 P 的所有约简。

(4) 属性的依赖度与重要度

令 $K=(U,C\bigcup D,V,F)$ 为一决策表,且 $R\subseteq C$。当 $k=\sigma_R(D)=|POSR(D)|/|U|$ 时,称属性 D 是 $k(0\leqslant k\leqslant1)$ 度依赖于属性 R 的。当 $k=1$ 称

D 完全依赖于 R；当 $0<k<1$ 时，称 D 粗糙（部分）依赖于 R；当 $k=0$ 时，称 D 完全独立于 R。

属性 a 加入 R，对于分类 U/D 的重要度定义为：$SGF(a,R,D)=\sigma_{R+\{a\}}(D)-\sigma_R(D)$。

（5）可信度与支持度

设事务集 D 中有 $s\%$ 的事务同时支持项集 X 和 Y，$s\%$ 称为关联规则 $X \Rightarrow Y$ 的支持度。支持度描述了 X 和 Y 两个项集的并在所有事务中出现的概率。

设事务集 D 中支持项集 X 的事务中有 $c\%$ 的事务同时支持项集 Y，$c\%$ 称为关联规则 $X \Rightarrow Y$ 的可信度。可信度描述事务 T 中出现项集 X，项集 Y 也同时出现的概率。因此定义，在 $X \Rightarrow Y$ 的决策规则中：

支持度：
$$\text{support}(A \Rightarrow B) = \frac{\text{包含} A \text{和} B \text{的元组数}}{\text{元组总数}} \times 100\%$$

可信度：
$$\text{corfidence}(A \Rightarrow B) = \frac{\text{包含} A \text{和} B \text{的元组数}}{\text{只包含} A \text{的元组数}} \times 100\%$$

6.2.2 基于 SVM 的 RS 连续属性数据的离散化

在粗糙集理论中，连续属性的离散化，就是在超维空间中用垂直于该属性轴的面，尽量把不同类的样本通过这些截面分开，同时又要使截面不要太多。太多的离散断点，不利于从属性表中提取规则和约简属性，并且计算量也太大。在粗糙集理论中，连续属性的离散化方法很多，传统的离散化方法仅在某个属性上根据该属性值和所属类的对应关系来划分特征空间，如非监督离散化方法中的等宽度离散化、等频率离散化；监督离散方法中的单规则离散器[122]、统计检验方法[123]、信息熵方法[124]、自适应量化法及预测值最大算法[125]、MDLPC 算法[126]、Naive Scaler 算法和布尔逻辑方法等[127]。其中，布尔逻辑和 RS 相结合的离散化算法（贪心算法）是离散化算法在思想上的重大突破，此算法的思想首先是在保持信息系统不可分关系不变的前提下，尽量以最小数目的断点把所有实例间的分辨关系区分开。但当信息系统中同时出现多个重要性相同的断点时，该算法的改进过程就难以进行，不能完成某些连续信息系统的离散化。此后，Nguyen 等提出用超平面进行间接离散化的方法[128]，并提出了基于粗糙集的优化准则，但超平面离散化也存在一些不足：① 忽略了连续条件属性的相关性，使得构造的超平面往往维数较大；② 多数的决策属性并非是条件属性的线性组合，容易造成超平面过多、决策规则过繁的局面。何亚群等将文献[128]的间接离散化方法扩展到多项式曲面[120]，对应的间接离散化结果是以函数形式表示的超曲面,究其实质与 SVM 方法等同,但在精度上、灵活程度上尚不及 SVM,更要紧的是,间接离散化方法并没有得到属性的离散化结果。韩秋明等先对特征空间进行多维聚类[119],然后对聚类得到的超立方体的各面在对应属性轴上设置离散断点,实现了连续属性的离散化,获得了合理且合乎实际的空间划分。李兴生基于密度分布函数聚类也实现了连续属性的离散化[121],认为方法可行,有很强的抗噪性能。此外,还有王建东等提出的基于云模式的离散化算法[129]、张葛祥提出的类别可分离性优先的广义离散化方法[130],将点属性值离散化问题转化为区间属性值离散化问题,视连续属性的离散化过程为一个函数映射关系。在新方法不断提出的同时,传统的方法也不断改进,如赵荣泳提出的 MDV方法[132]、石红等采用的全局离散化方法[133]、刘震宇提出的改进 BBC 方法[131]、代建华等在求解时使用了遗传算法[135]、聂作先等采用了模糊化方法等[134]。

离散化方法及其实现技术仍具有重要意义与实用价值,研究者们进行了各种新的尝试,从各个角度提出了许多可行的有效方法。总的看来,在上述方法中,文献[119]提出的基于聚类的方法、文献[129]提出的云模式算法以及文献[130]提出的广义离散化方法都是以区域划分为主,目的是寻找样本可分性较优的区域,然后以区域边界确定断点位置,我们称之为区域离散化;其余方法均是优选最佳断点集模式,首先构造一评价函数来评估离散化结果,再测试不同的断点组合,以评价函数优选最优断点集,我们称之为断点离散化。RS 属性约简的目的是在满足一定的识别率前提下尽可能地简化属性集,至于是否需要进行断点划分以及是否找到最优断点集并不重要,况且求解最佳断点集是一个 NP 难题,在实际应用中应尽量避免。从实际应用效果看,区域离散化求解速度快,对多数有明显分布特征的样本集应用效果较好;断点离散化原理简单,普适性强,但随着属性数增多,属性的断点数增多,求解将不现实,并且,设置多少断点,断点间隔多大都需要凭经验确定。

就现有的文献看,理想的、适用于不同类别数据的离散化方法仍在探索中,仍没有一个公认的标准来评价哪一种方法更好、更适合。另外,所有的离散化方法都会或多或少地损失部分信息,如何评价信息的损失仍没有合适的评价方法。

考虑到在小样本前提下,SVM 是区分两类样本的有效方法,本书基于区域离散化思想,尝试用 SVM 来确定样本属性的最优分类边界,并以 SVM 的错分率来评价离散化的损失程度,建立连续属性离散化的 SVM 模型。为了说明问题,先假设两类样本,属性个数为 2 的情况,见图 6-3 所示,以每类样本的最小外接圆表示样本分布,k_1,k_2 标记样本类别,a_1,a_2 表示样本属性。

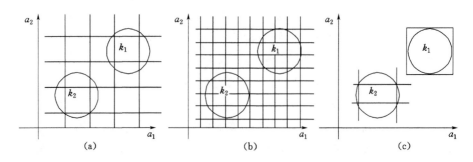

图 6-3　连续属性离散化示意图

对比图 6-3(a)、(b)可知,断点数越多,离散间隔越小,则信息损失越小,连续属性则不损失任何信息,但断点越多,则粗糙集中的等价关系就越多,决策表容量急增,提取决策规则就越难,其极限情况为连续属性,此时粗糙集理论失效。图 6-3(c)则说明包围样本的离散区域更能反映样本的分布情况,在该区域内样本具有较高的识别率,如样本类 k_1 的外围矩形,此时,就是区域离散化方法,区域范围可由聚类、云算法等方法确定。再进一步思考,如果将离散区域通过函数映射为复杂区域,就演变为文献[120]所述的间接离散化方法,此时的离散区域边界可以与样本间的分类超曲面重合,但却无法得到符合 RS 要求的离散结果。

现在的问题是如何找到各样本识别率较优的区域,见图 6-4 所示,为两类样本的 SVM 分类示意图。

利用 SVM 的分类超平面 f 可将区域分为正、负两部分,分别对应各样本识别率高的区域,但连续属性离散化要求每个区域都应当是矩形,因此对样本类按属性 a_1、a_2 分别训练 SVM,得到各属性对样本的分类超平面,f_{a1}、S_{11}、f_{a2},S_{21} 将属性范围划分为 4 个区域,标记为 Ⅰ、Ⅱ、Ⅲ、Ⅳ,则离散化结果为 a_1:$[a_{1\min},S_{11})$,$[S_{11},a_{1\max}]$,a_2:$[a_{2\min},S_{21})$,$[S_{21},a_{2\max}]$,其中,$[a_{1\min},a_{1\max}]$,$[a_{2\min},a_{2\max}]$ 为属性 a_1,a_2 的取值范围,S_{11}、S_{21} 表示属性 a_1、a_2 的断点位置。下面讨论利用 SVM 方法离散化的效果。

两类样本与 f_{a1}、f_{a2} 的关系可归纳为三种:① 两类样本对 a_1、a_2 均完全可分,如图 6-4(a)所示;② 两类样本对某一属性完全可分,对另一属性不完全可分,如图 6-4(b);③ 两类样本对 a_1,a_2 均不完全可分,如图 6-4(c)、(d)所示。其他样本分布与属性区域划分的关系都可以归结为图 6-4 所示的情况,下面对图 6-4 加以分析。

(1)对于情况①,对任意属性可分,属性集可以约简为 $\{a_1\}$ 或 $\{a_2\}$,错分率

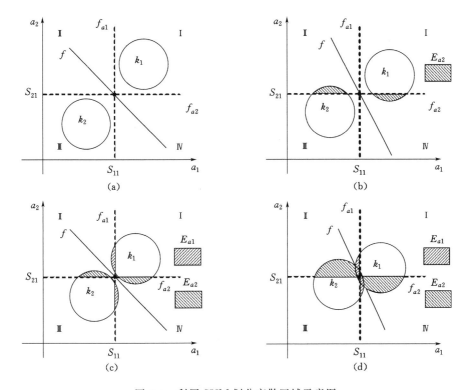

图 6-4　利用 SVM 划分离散区域示意图

为 0。

（2）对于情况②，对 a_1 可分，属性集可约简为 $\{a_1\}$，错分率为 0。

（3）对于情况③，情形比较复杂，属性集可约简为 $\{a_1\}$、$\{a_2\}$ 或 $\{a_1,a_2\}$，不同属性约简有不同的错分率，可以是 E_{a1}、E_{a2}、$(E_{a1}+E_{a2})/2$，其中 E_{a1}、E_{a2} 分别表示样本类别对属性 a_1、a_2 训练 SVM 的错分率，对特定的样本集来说，$(E_{a1}+E_{a2})/2$ 只表示 f_{a1}、f_{a2} 划分样本空间时错分率的数学期望。

如果只考虑 RS 识别率的话，基于 SVM 划分的属性空间并不是最优的，见图 6-5(a) 所示，该划分也可以认为是一种变形的 SVM，即在训练 SVM 时只保证某类样本的正确分类，显然，这种划分可以提高 RS 的识别率，但在断点处理上不方便。如果随机地确定断点位置，则更多的可能是出现如图 6-5(b) 所示识别率极低的情形。可见，利用 SVM 确定断点位置在绝大多数情况下是可取的。

通过上面的分析，我们可以认为，使用 SVM 离散化连续属性的方法是可行的，尤其是样本空间在某些属性方向上有良好的可分性时，使用 SVM 可以确定合理的断点位置，实现这些属性的离散化，对于可分性差的属性则可不做离散化

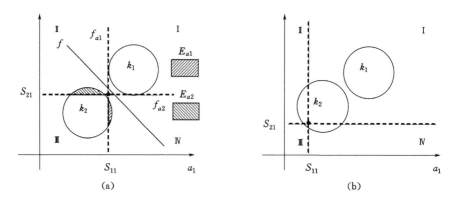

图 6-5　其他可能的划分结果

处理,甚至予以约简。

　　上述结论是在两类样本、两维属性情况下得到的,但可以推广到多维属性,并且随着属性维数的增多,就更有可能获得可分性好的属性维;如果是多类样本的话,可以采用 H-SVMs 加以处理,H-SVMs 是对类别空间的不断二分,而连续属性的离散化处理也是对属性范围的不断细分,正好可以参考 H-SVMs 的分类层次来确定属性轴上的断点个数。具体算法如下:

　　Step1:构造多类样本的 H-SVMs 分类树。

　　Step2:采用 TopDown 顺序,沿着 H-SVMs 分类树的路径不断划分属性空间。方法为在每一决策结点处对输入样本类别按属性维分别训练 SVM,选取错分率低的部分属性组成新的属性空间重新训练该结点的子 SVM,新的 SVM 预测值与原 SVM 对比,如果精度损失小于某一阈值,则对参与训练的属性维做离散化处理,并记录各属性的断点位置;如果所有属性维训练的 SVM 的错分率都比较高,则表明样本类别的线性可分性差,相应的 RS 的识别率自然也差,此时可以选择放弃,或者优选错分率最低的某一属性继续离散化,但此时 RS 的识别率难以保证。

　　Step3:整理断点,划分离散区间,确定每一离散区间的样本类别。

　　前面我们讲过,H-SVMs 自上而下存在着误差累积效应,显然,由 H-SVMs 对连续属性的离散化处理也存在着信息损失的累积效应,因此,样本类别数不要太多,并且确保高层结点的可分性。利用 SVM 方法实现连续属性的离散化有如下特点:

　　① 尽可能地减少断点数,该方法每次只选择部分属性离散化,每次离散化

只优选一个断点，这样，离散化后 RS 的论域数就少，相应的决策规则就少。文献[122]已经证实，一般情况下，粗糙集中的决策规则越少则性能越优。

② 在离散化的同时，还可以同时进行属性的约简。通过上面的分析可知，每次离散化只针对部分属性进行，如果某一属性没有经过离散化处理，则可约简该属性。

③ 给出了离散处理后信息损失的估量标准，$E=\arg\max(E_{ai})$，a_i 表示每次利用 SVM 离散化处理时所使用的属性维；E 表示所有参与离散化处理的属性维所训练的 SVM 中错分率的最大值。一般地，属性维越大，则提供的判别信息越多，有利于做出正确判断；但同时信息的复杂度增加，噪声信息增加，又导致判别难度增加，因此在离散化处理时要选择合适的属性集。

④ 当样本类别数大时，构造 H-SVMs 将很耗时，误差累积效应增加；并且随着样本类别数的增大，RS 论域越复杂，识别率降低，因此本方法比较适合样本类别数小的情况。

⑤ 前面已经讲过，利用 SVM 对连续属性离散化，要求样本类别间是线性可分的。在对线性不可分样本离散化时，其他离散化方法也难以处理，此时需考虑领域问题是否适合于 RS。

6.2.3　利用 SVM-RS 提取矿井突水规则

前面提到的 RS-SVM 方法综合了 RS 属性约简能力强与 SVM 推广性能优的特点，本节旨在实验一种新的数据处理方法，即 SVM-RS 方法，其中 SVM 采用线性核。利用 SVM 来约简属性数据，由于 SVM 的推广性能较优，其对属性数据的约简也更确切；同时，SVM 可以处理连续与离散的数据，而 RS 只能处理离散数据，这样可以借助 SVM 将连续的属性数据离散化。总的来说，SVM-RS 方法就是利用 SVM 约简属性数据，然后在 RS 中进行属性约简、规则提取、规则过滤等操作。利用 RS 提取规则知识的论述较多，本书不再赘述，可参考张文修等的论著[116,127,136]。

仍使用表 6-1 的样本为例，约简去属性"导水断裂带宽度"，同时为了不引起混淆，将属性"含水层厚薄"中的厚、薄含水层标记为 2、1，而不是原先的 0、1。然后使用 6.2.2 中的离散化方法对各连续属性进行离散化，最后利用粗糙集技术对预处理后的样本数据进行属性约简、规则提取与过滤。初步的实验结果显示，当突水等级多、属性分级多时，提取的规则多且杂乱，几乎没有价值。本书认为可能的原因有如下：

① 突水实验样本数少,突水因素信息量少,并且混杂了噪声信息,难以区分,这是实验样本方面的原因,可通过采集更多有效信息、优选出重要属性加以解决。

② 矿井突水本身的机理复杂,影响因素难以穷尽,仅靠有限的样本学习难以得出准确的、普适的判定规则。一般地,不同的矿井地质构造有不同的突水规律,一定要结合实际,总结现场经验,才能找到实用的预测规则。

③ 原始数据的预测精度不高,约简属性后可达 0.76。在数据处理方法上,RS 本身的推广能力差,在数据离散化时也存在无法避免的信息损失。要想获得可信度高的预测规则,首先原始样本的测试精度要高,即所训练的 SVM 或其他学习机的推广性能要好;其次,要采用合理的离散化方法进行处理。

为了获得实用的预测信息,继续合并测试样本中的突水等级,约简属性维的断点数,见表 6-7,将突水级别合并为两级。一种合并是把中、小级别的突水认为是正常的矿井涌水量,再大的则认为是矿井突水,分为突水、不突两类;一种合并是为了识别特大突水,将正常突水范围内的称为一般突水,特大的则构成事故,称为特大突水,分为特大、一般两类。

表 6-7   **约简后的突水预测样本(引自文献[22])**

水压 A_1	含水层厚/薄 A_2	隔水层厚 A_3	断层落差 A_4	原突水等级划分		划分为突、不突两级		划分为特大、一般两级	
1.1	1	20	15	特大	1	突	1	特大	1
1.7	2	10	5	特大	1	突	1	特大	1
1.9	1	15	65	特大	1	突	1	特大	1
2.3	2	7.3	0	特大	1	突	1	特大	1
3.11	1	44.3	3.5	特大	1	突	1	特大	1
5.19	2	55.9	7	特大	1	突	1	特大	1
0.6	1	17	8	大	2	突	1	一般	2
1.08	1	16.5	3.2	大	2	突	1	一般	2
1.3	1	30	4.9	大	2	突	1	一般	2
1.8	1	23	0	大	2	突	1	一般	2
2.8	1	40	6	大	2	突	1	一般	2
4.06	2	65.86	10	大	2	突	1	一般	2
1.1	1	16	0	中	3	不	2	一般	2

续表 6-7

水压 A_1	含水层厚/薄 A_2	隔水层厚 A_3	断层落差 A_4	原突水等级划分		划分为突、不突两级		划分为特大、一般两级	
2	1	30	1.5	中	3	不	2	一般	2
2.9	1	40	0	中	3	不	2	一般	2
0.85	1	23.1	0.4	小	4	不	2	一般	2
1.01	1	18	0	小	4	不	2	一般	2
1.26	1	23.5	0	小	4	不	2	一般	2
1.42	1	25.7	0	小	4	不	2	一般	2

　　对表 6-7 中合并为两级的突水样本提取判定规则,在 RS 处理阶段,使用一致的约简算法、规则提取及过滤算法,在数据离散化阶段,实验了本书的方法和其他几种离散化方法,最后的结果见表 6-8。限于篇幅,这里仅以突与不突的划分为例,介绍如何利用 RS 技术提取矿井突水预测规则。

表 6-8　　　　　　　　表 6-7 中矿井突水规则提取结果

离散化方法	规则提取结果	适应度
本书方法	断层落差([1.6, *))⇒突水	0.526 316
	含水层厚度(2)⇒突水	0.210 526
	水压([1.7, *)) AND 含水层厚度(1) AND 断层落差((*,1.6))⇒突水 OR 不突	0.157 895
	水压((*,1.7)) AND 断层落差((*,1.6))⇒不突	0.263 158
MDLPC算法	断层落差([3, *))⇒突水	0.526 316
	断层落差([1,3))⇒不突	0.052632
	含水层厚度(2)⇒突水	0.210526
	隔水层厚度([42, *))⇒突水	0.157895
	水压([4, *))⇒突水	0.105263
	含水层厚度(1) AND 断层落差([*,1))⇒突水 OR 不突	0.368 421
布尔逻辑算法	断层落差([3, *))⇒突水	0.526 316
	含水层厚度(2)⇒突水	0.210 526
	水压([2, *)) AND 隔水层厚度([*,24))⇒突水	0.210 526
	水压([*,2)) AND 断层落差([*,3))⇒不突	0.263 158
	隔水层厚度([24, *)) AND 断层落差([*,3))⇒不突	0.210 526

续表 6-8

离散化方法	规则提取结果	适应度
Naive Scaler 算法	断层落差([3,*))⇒突水	0.526 316
	断层落差([1,3))⇒不突	0.052 632
	隔水层厚度([19,22))⇒突水	0.052 632
	隔水层厚度([*,16))⇒突水	0.157 895
	隔水层厚度([42,*))⇒突水	0.157 895
	隔水层厚度([17,18))⇒突水	0.105 263
	隔水层厚度([16,17))⇒不突	0.052 632
	隔水层厚度([18,19))⇒不突	0.052 632
	隔水层厚度([24,28))⇒不突	0.105 263
	含水层厚度(2)⇒突水	0.210526
	水压([2,3)) AND 断层落差([*,1))⇒突水	0.105 263
	水压([*,2)) AND 断层落差([*,1))⇒不突	0.263 158
	水压([3,4)) AND 断层落差([*,1))⇒不突	0.052 632
	水压([4,*))⇒突水	0.105 263
	水压([*,2)) AND 隔水层厚度([28,35))⇒突水	0.052 632
	水压([2,3)) AND 隔水层厚度([22,24))⇒突水	0.052 632
	水压([2,3)) AND 隔水层厚度([28,35))⇒不突	0.052 632
	水压([*,2)) AND 隔水层厚度([22,24))⇒不突	0.052 632
	隔水层厚度([35,42)) AND 断层落差([*,1))⇒不突	0.052 632
等频 算法	断层落差([7,*))⇒突水	0.263 158
	含水层厚度(2)⇒突水	0.210 526
	水压([2,3)) AND 隔水层厚度([*,18))⇒突水	0.157 895
	隔水层厚度([*,18)) AND 断层落差([1,7))⇒突水	0.105 263
	隔水层厚度([35,*)) AND 断层落差([1,7))⇒突水	0.105 263
	隔水层厚度([35,*)) AND 断层落差([*,1))⇒不突	0.052 632
	水压([2,3)) AND 断层落差([*,1))⇒突水	0.105 263
	水压([3,*)) AND 断层落差([1,7))⇒突水	0.105 263
	水压([*,2)) AND 断层落差([1,7))⇒突水	0.105 263
	水压([*,2)) AND 断层落差([*,1))⇒不突	0.263 158
	水压([3,*)) AND 断层落差([*,1))⇒不突	0.052 632

离散化 方法	规则提取结果	适应度
等频 算法	含水层厚度(1) AND 隔水层厚度([﹡,18)) AND 断层落差([﹡,1))⇒不突	0.052 632
	水压([2,3)) AND 含水层厚度(1) AND 断层落差([1,7))⇒不突	0.052 632
	水压([2,3)) AND 隔水层厚度([18,35)) AND 断层落差([1,7))⇒不突	0.052632

由表 6-8 可知,连续属性离散化方法不同,最后提取的规则差别很大,比较而言,本书方法的断点数少,提取的规则数也少,所提取规则的适应度相应较高,但由于断点数少,难以描述属性间复杂的关联关系,而出现了不相容的判别规则。MDLPC 算法与本书算法相近,但也有不相容的判别规则;就本例而言,布尔逻辑算法的离散化效果较好,从提取规则的合理性看,布尔逻辑算法提取的规则与实际较吻合;本书算法与实际吻合得较好,所提取的规则可以解释为断层落差大则突水,断层落差小并且水压也小,则不突水;MDLPC 算法有明显不妥的规则,如"隔水层厚度([42,﹡))⇒突水"。其他两种方法:等频算法与 Naive Scaler 算法对空间划分过细,导致规则数增多,影响了实用性。

对本书方法所获取的不相容规则,从本质上讲,是突水规律的必然表现,规则总是以一定的概率存在。并且原决策数据本身的精度不高,产生冲突规则在所难免,如果为了防止规则冲突而片面增加断点数目,结果会适得其反,提取的规则可能违背事物规律,失去实用价值。

在本文第 7 章中,利用 RS 获取突水预测规则时,选用布尔逻辑算法与本书方法进行属性数据的离散化。

6.2.4　本节结论

综合利用 SVM、RS 技术对矿井突水进行预测,提取预测规则,为矿井突水防治提供决策支持是可行的。但规则的可靠度与原决策数据的精度、连续属性离散化方法等有关,所提取的规则是否实用取决于原始数据是否有规律可循,所采集的样本数据是否有足够精度、是否有足够的数量等因素。在规则提取时,要与领域问题的实际相结合,能用获取的规则来解释实际现象,否则提取的规则只能是无效规则,甚至于垃圾规则。

6.3 煤层底板破坏深度预测的 PSO-LSSVM 模型

煤层底板破坏深度是涉及到承压水体上安全采煤的重要因素之一,目前底板破坏深度常用的非实测获取方法有:理论公式法、经验公式法、神经网络预测等[137-139],也取得了一定的应用效果。但这些方法中,理论公式计算所要求的条件很难满足,经验公式的应用推广性较差,新近的人工神经网络方法则以传统统计学为理论基础,基于样本数无限大的假设、以经验风险最小化为原则,并不能很好地实现由贝叶斯决策理论导出的期望风险最小化原则,容易出现过学习问题。本书在已有研究基础上,通过粒子群优化算法(Particle Swarm Optimization, PSO)[140-141]优选支持向量机参数,建立了符合期望风险最小化原则的煤层底板破坏深度预测模型,将该方法应用于矿区底板破坏深度的实际预测中,并与现有方法对比,获得了令人满意的结果。

6.3.1 最小二乘支持向量机

Suykens 的最小二乘支持向量机[142]与 Vapnik 的标准支持向量机在利用结构风险最小化原则时,选择了不同的松弛变量,前者为 ξ 的二范数,后者为 ξ。对于最小二乘支持向量机,优化问题为:

$$\min : \tau(W, \xi) = \frac{1}{2} \parallel W \parallel^2 + C \sum_{i=1}^{N} \xi_i^2 \tag{6-1}$$

$$\text{s. t} : y_i = \varphi(x_i) \boldsymbol{W}^{\mathrm{T}} + b + \xi_i, i = 1, 2, \cdots, N$$

用拉格朗日优化方法求解式(6-1),可得:

$$f(x) = \sum_{i=1}^{N} \alpha_i K(x_i, x) + b \tag{6-2}$$

由于在求解过程中使用了最小二乘法,因此得名最小二乘支持向量机(Least Squares Support Veotor Machine, LS-SVM)。相比于标准支持向量机和求解二次规划问题,最小二乘支持向量机求解更为快速,且所需计算资源少。在采用最小二乘支持向量机进行建模时,有两类参数,即惩罚因子 C 和核函数参数 σ 是非常重要的,直接影响了模型预测的准确程度,寻求最佳的 C 和 σ 是一个最佳模型选择问题。因为粒子群算法具有快速和全局优化的特点,本书用粒子群算法来对数 C 和 σ 进行搜索。

6.3.2　粒子群优化算法

美国的 Kennedy 和 Eberhart 受鸟群觅食行为的启发,于 1995 年提出一种新的随机全局优化算法——粒子群优化算法(PSO)。其基本思想是:优化问题的每一个解称为粒子,定义一个适应值函数来衡量每个粒子解的优越程度。每个粒子根据自己和其他粒子的"飞行经验"群游,从而达到从全空间搜索最优解的目的。具体搜索过程如下:每个粒子在解空间中同时向两个点接近,第 1 个点是整个粒子群中所有粒子在历代搜索过程中所达到的最优解,被称为全局最优解 g^{best};另一个点则是每个粒子在历代搜索过程中自身所达到的最优解,这个解被称为个体最优解 p^{best}。每个粒子表示在 n 维空间中的一个点,用 $x_i = [x_{i1}, x_{i2}, \cdots, x_{in}]$ 表示第 i 个粒子,第 i 个粒子的个体最优解表示为 $p_i^{best} = [p_{i1}, p_{i2}, \cdots, p_{in}]$;全局最优解表示为 $g^{best} = [g_1, g_2, \cdots, g_n]$,而 x_i 的第 k 次迭代修正量(粒子的移动速度)表示为 $v_i^k = [v_{i1}^k, v_{i2}^k, \cdots, v_{in}^k]$。每个粒子根据下式更新自己的速度和位置:

$$v_{id}^k = w_i v_{id}^{k-1} + c_1 \mathrm{rand}_1 (p_{id}^{k-1} - x_{id}^{k-1}) + c_2 \mathrm{rand}_2 (g_d^{k-1} - x_{id}^{k-1}) \tag{6-3}$$

$$x_{id}^k = x_{id}^{k-1} + v_{id}^k \tag{6-4}$$

式中,k 表示第 k 次迭代,$i = 1, 2, \cdots, m$;$d = 1, 2, \cdots, n$;m 为粒子群中粒子的个数;n 为解向量的维数;c_1、c_2 为加速因子,分别为两个正常数;rand_1、rand_2 是两个独立的介于 $[0, 1]$ 之间的随机数;w_i 为动量项系数,调整其大小可以改变搜索能力的强弱。

6.3.3　煤层底板破坏深度预测的 PSOLS-SVM 模型

根据理论分析及现场实测,影响煤层底板破坏深度的主要因素有:

① 开采深度:开采深度增大,上覆岩层的自重加大,煤层底板内部的原岩应力也大,底板破坏就严重。

② 煤层倾角:室内实验表明,煤层倾角的变化使得底板内的应力集中程度和集中区域发生变化,从而改变煤层底板的破坏深度。

③ 开采厚度:在一定采深和既定煤层条件下开采厚度反映了工作面的矿压作用,采厚越大,对煤层顶底板的破坏程度越大。

④ 工作面斜长:煤层底板破坏深度随工作面长度的增大而增大,工作面长度增大,也增加了工作面遇到断裂构造的概率。

⑤ 煤层底板的抗破坏能力:该指标是底板岩石强度、岩层组合及原始裂隙

发育状况的综合反映,在基础数据无法获取时,也可以根据底板的岩石类型、岩层组合及原始裂隙发育状况综合确定。

⑥ 工作面内是否有切穿型断层或破碎带:底板中切穿型断层或破碎带的存在对底板的破坏具有关键性的影响,煤层底板有切穿型断层或破碎带时,最大破坏深度发生在断层带或破碎带附近,由于弱面的存在,断层或破碎带附近的底板破坏深度增大。

⑦ 采煤方法和顶板管理方法:采煤方法和顶板管理方法对底板破坏深度有一定的影响,但由于我国普遍采用的采煤方法是长壁式采煤法,顶板管理方法绝大部分为全部垮落法。由于本书所搜集样本的采煤方法与顶板管理方法相同,因此该因素的影响视为等同,不予体现。

我国主要矿区的底板采动破坏深度统计资料见表 6-8,引自文献[138],选取表中的前 26 个实例作为学习样本,后 5 个实例作为检验样本,来检验模型预测效果。煤层底板破坏深度预测的 PSOLS-SVM 建模步骤如下:

① 整理学习样本和测试样本,对定性描述的数据进行量化处理,并对所有数据作归一化处理。

② 进行初始化设置,包括设置群体规模、迭代次数,随机给出初始粒子 z_i^0 和粒子初始速度 v_i^0,粒子个体对应支持向量机的 C 和核函数参数 σ。

③ 采用粒子个体对应的 C 和核函数参数 σ,建立支持向量机的学习预测模型。计算每个个体的适应值 $f(z_i)$,以反映本支持向量机模型的推广预测能力,适应值函数如下:

$$f(z_i) = \min(\max(\left\{ \frac{|x_j - x'_j|}{x'_j} \right\}, j = 1, 2, \cdots, l)) \tag{6-5}$$

式中,x_j 为 z_i 粒子对应的第 j 个观测样本的预测值;x'_j 为第 j 个测试样本的实测值。

④ 根据粒子群算法,将适应值 $f(z_i)$ 与该粒子自身最优值 $f(p^{\mathrm{best}_i})$ 进行比较,如果 $f(z_i) < f(p^{\mathrm{best}_i})$,则用新的适应值取代前一轮的优化解,用新的粒子取代前一轮的粒子。

⑤ 将各个粒子的自身最好适应值 $f(p^{\mathrm{best}_i})$ 与所有粒子的最好适应值 $f(g^{\mathrm{best}})$ 进行比较。如果 $f(p^{\mathrm{best}_i}) < f(g^{\mathrm{best}})$,则用每个粒子的最好适应值取代原所有粒子的最好适应值,同时保存粒子的当前状态。

⑥ 判断适应值或迭代次数是否满足要求,如不满足要求,再进行新一轮的计算,按式(6-3)和式(6-4),将粒子进行移动,产生新的粒子(即新的解),返回

③。如果适应值满足要求，计算结束，该粒子个体即为最适合的 C 和核函数参数 σ。

⑦ 利用优化的 C 和 σ 建立支持向量机模型，进行预测。

6.3.4　结果与分析

根据已经确定的底板采动破坏深度预测的 PSOLS-SVM 模型，对表 6-9 中的 27-31 号 5 个底板破坏深度实例进行计算，得出相应的底板破坏深度值，将模型的预测结果与采用规程给定的经验公式的计算结果与现场的实测结果进行比较，见表 6-10。

表 6-9　　　　　　　　　　　　　　　学习和检验样本

序号	工作面地点	采深 /m	煤层倾角 /(°)	采厚 /m	工作面 斜长/m	底板抗 破坏能力	是否有 断层	破坏带 深度/m
1	邯郸王凤矿 1830	123	15.0	1.10	70	0.2	否	7.00
2	邯郸王凤矿 1951	123	15.0	1.10	100	0.2	否	13.40
3	峰峰二矿 2701(1)	145	16.0	1.50	120	0.4	否	14.00
4	峰峰三矿 3707	130	15.0	1.40	135	0.4	否	12.00
5	峰峰四矿 4804	110	12.0	1.40	100	0.4	否	10.70
6	肥城曹庄矿 9203	148	18.0	1.80	95	0.8	否	9.00
7	肥城白庄矿 7406	225	14.0	1.90	130	0.8	否	9.75
8	淄博双沟矿 1204	308	10.0	1.00	160	0.6	否	10.50
9	淄博双沟矿 1208	287	10.0	1.00	130	0.6	否	9.50
10	澄合二矿 22510	300	8.0	1.80	100	0.4	否	10.00
11	韩城马沟梁矿 1100	230	10.0	2.30	120	0.6	否	13.00
12	鹤壁三矿 128	230	26.0	3.50	180	0.4	否	20.00
13	新庄孜矿 4303 (1)	310	26.0	1.80	128	0.2	否	16.80
14	新庄孜矿 4303 (2)	310	26.0	1.80	128	0.2	是	29.60
15	邢台矿 7802	259	4.0	1.20	160	0.6	否	16.40
16	邢台矿 7607 窄工作面	320	4.0	5.40	60	0.6	否	9.70
17	新汶华丰矿 41303	520	30.0	0.94	120	0.6	否	13.00
18	井陉一矿 4707 小 1	400	9.0	7.50	34	0.4	否	8.00
19	井陉一矿 4707 小 2	400	9.0	4.00	34	0.4	否	6.00
20	井陉三矿 5701 (1)	227	12.0	3.50	30	0.4	否	3.50

序号	工作面地点	采深 /m	煤层倾角 /(°)	采厚 /m	工作面斜长/m	底板抗破坏能力	是否有断层	破坏带深度/m
21	井陉三矿 5701 (2)	227	12.0	3.50	30	0.4	是	7.00
22	开滦赵各矿 1237 (1)	900	26.0	2.00	200	0.6	否	27.00
23	开滦赵各矿 1237 (2)	1 000	30.0	2.00	200	0.6	否	38.00
24	霍县曹村 11014	200	10.0	1.60	100	0.2	否	8.50
25	吴村煤矿 32031 (1)	375	14.0	2.40	70	0.6	否	9.70
26	吴村煤矿 32031 (2)	375	14.0	2.40	100	0.6	否	12.90
27	邯郸王凤矿 1930	118	18.0	2.50	80	0.2	否	10.00
28	峰峰二矿 2701(2)	145	15.5	1.50	120	0.4	是	18.0
29	邢台矿 7607 工作面	320	4.0	5.40	100	0.6	否	11.70
30	井陉一矿 4707 工作面	400	9.0	4.00	45	0.6	否	6.50
31	吴村煤矿 3305	327	12.0	2.40	120	0.6	否	11.70

表 6-10　　　　　　　　　　　　　预测结果比较

序号	破坏带深度/m				模型计算值与实测值比较		经验公式值与实测值比较	
	PSOLS-SVM 计算值		经验公式值	实测值	绝对误差 /m	相对误差 /%	绝对误差 /m	相对误差 /%
	RBF 核 ($C=10.3$, $\sigma^2=2.4$)	线性核 $C=20$						
27	10.15	9.660 3	8.274	10.00	0.150	1.50	−1.726	−17.26
28	18.614	18.844	18.605	18.00	0.614	3.41	0.605	3.36
29	12.608	11.293	9.818	11.70	0.908	7.76	−1.882	−16.08
30	6.919 3	7.579 5	5.396	6.50	0.419	6.45	−1.131	−17.40
31	12.776	12.56 4	13.367	11.70	1.076	9.20	1.667	14.20

　　根据计算结果分析可知,采用 PSOLS-SVM 模型预测煤层采动底板破坏深度的最大绝对误差为 1.076 m,最大相对误差为 9.2%;而根据"三下"采煤规程中相关公式计算结果的最大绝对误差为 1.882 m,最大相对误差为 17.40%。绝大多数样本的预测结果均优于经验公式结果,这说明该模型的计算结果比经验公式计算的更接近实际,误差小,精度高,可以满足工程实际的需要。

　　在模型测试时,我们还试验了线性核 LS-SVM,发现利用 RBF 核与线性核预测结果相差无几,RBF 核效果稍优,线性核、RBF 核的预测结果比较见表 6-10。这说明煤层底板采动破坏深度与它的主要影响因素有明显的线性相关性,这与目前的理论分析结果是一致的,但由于煤层底板自身的复杂性,采动破坏机理的难以描述,破坏过程的随机性,各影响因素间的相互作用等原因,使破坏深度值更多地呈现出非线性、不均匀、不确定性的特征,更适合于利用人工智能方法构建预测模型。本书提出的 PSOLS-SVM 模型综合地考虑了煤层底板破坏的影响因素,通过实测样本自身的学习、预测能力构建预测模型,建模方便,具有较强的适应性,应用面更广,预测结果更接近实际,这说明机器学习类方法在计算煤层底板采动破坏深度预测方面具有可行性与良好的应用潜力。

6.3.5　本节结论

① 在综合分析煤层底板破坏深度的主要影响因素基础上,建立了煤层底板采动破坏深度预测的 PSOLS-SVM 模型。根据现场实测数据对模型进行训练和性能测试,证明了 PSO-LSSVM 算法用于计算底板破坏深度的可行性。

② PSOLS-SVM 模型预测底板破坏深度结果与相关规程给出的经验公式计算结果、现场实测结果的对比分析表明,该模型能综合考虑各影响因素间的非线性作用机理,更符合工程实际,与经验公式比具有更高的准确性。PSOLS-SVM 模型不仅具有可靠的理论依据,而且有良好的现场实际应用价值。

6.4　本章小结

本章以 SVM、H-SVMs 为工具对矿井突水进行了研究,主要创新之处在于:

① 研究了 SVM、H-SVMs 在矿井突水预测中的应用,建立了矿井突水预测的 SVM 模型。通过实例证实 SVM 不仅能有效预测矿井突水,还可以对突水级别的界定、突水影响因素的选择进行合理的分析,以指导矿井突水信息的采集和处理。

② 提出了矿井突水数据处理的 SVM-RS 方法,基于 SVM 实验了一种连续属性数据离散化的新方法,并与其他方法对比,验证了该方法的优势,最后利用 RS 提取了矿井突水规则,为接下来矿井突水评价与预测系统的研发提供了技术支持。

第7章 基于 MGIS 的矿井突水
评价与预测系统

在第 5、6 章，我们从理论、技术上解决了矿井突水预测的关键问题，本章将结合东滩煤矿矿井突水预测的工作实际，介绍如何确定、采集矿井突水的相关信息，如何综合分析处理这类信息，如何建立矿井突水的各类预测模型，为矿山生产提供突水预测、预防服务。

利用 MGIS 管理矿井多源、多时相的水文地质信息、突水相关信息，以及其他业务相关信息，并加以有效分析与综合利用，为矿山生产提供决策支持是当前矿山信息化建设的重要环节，也是 MGIS 的重要功能组成。本书利用最新的矿井突水预测理论与技术，结合矿山防治水的工程实践，开发了矿井突水评价与预测系统，作为东滩矿 MGIS 的一个功能模块业已实用化。

东滩矿的水文地质信息管理系统包括三个子系统，即水文地质数据管理子系统：主要实现对矿井水文地质数据资料的录入、编辑、查询、分析、计算和输出；水文地质图形管理子系统：主要实现对矿井水文地质图形的输入、成图、编辑、输出以及图形属性数据的查询和编辑；矿井突水评价与预测子系统：主要依据水文地质数据管理子系统和水文地质图形管理子系统提供的数值数据和图形数据，利用矿井各类突水评价预测模型对矿区具体地点进行突水评价，并利用多元信息复合分析方法对整个矿区进行矿井突水危险性评价，实现了矿井突水的预测预报，下面重点介绍该系统。

7.1 研究区概况

东滩煤矿位于山东省邹城、兖州、曲阜三市接壤地区（图 7-1）。东以峄山断层为界；南至皇甫断层和 NBD、ND_1、ND_2 坐标点连线与南屯井田相连；西南以 A、DB、NBD 坐标点连线垂直下切与鲍店井田毗邻；西及西北以 A、B、C、D、E、F、G 坐标点连线垂直下切与兴隆庄井田相邻；北及东北以滋阳断层为界。井田南北长约 12.4 km，东西宽约 4.65 km，面积 57.668 km²。开采深度

$-400\sim-1\,000$ m。

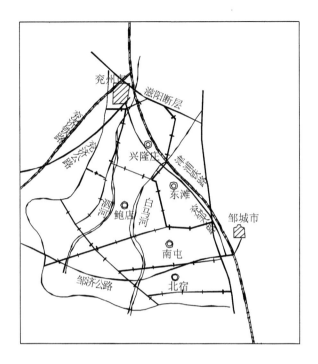

图 7-1　研究区简图

　　东滩煤矿的水文地质条件比较简单,其主采煤层 $3(3_{上})$ 煤层的直接充水含水层(3 煤顶板砂岩含水层)和间接充水含水层(上侏罗统蒙阴组砂岩含水层,简称"J_3 红层")均属含水小到含水中等的含水层。1998 年矿井年平均涌水量为 147.9 m³/h(最大涌水量 174.36 m³/h),矿井水文地质类型定为简单—中等。1998 年以前的突水对施工回采均未构成较大影响,但 1999 年以来相继出现了涌水量在 500 m³/h 以上的突水,严重影响了该矿的正常生产,矿方联合多家单位对这些突水水源作了详细调查与分析,但有些突水点的水源并不十分确定,尤其是 1999 年以来的几次大的突水,一直存在较多疑问。在传统方法难以处理的情况下,本书将最新的 SVM、多类 SVMs、RS 技术应用于该矿的矿井突水分析中,并在应用中不断完善,最终取得了令人满意的结果。

7.2 突水规则的获取

7.2.1 突水影响因素分析

搜集矿井开采以来的历史资料,请教矿方有关的水文地质专家,参阅本领域的著作[147],基本查清东滩矿 3($3_{上}$)煤层采煤工作面突水的影响因素如下。

(1)冒裂带发育高度

工作面突水量的大小取决于冒裂带的高度和冒裂带所导通的含水层数量。当冒裂带较低或 3($3_{上}$)煤层与 J_3 红层间距较大,冒裂带只导通 3 煤顶板砂岩含水层,工作面涌水量一般不超过 50 m³/h(已采区涌水量最大的是 14308 东综放面 $Q_{max}=27.0$ m³/h);当冒裂带较高或 3($3_{上}$)煤层与 J_3 红层间距较小时,冒裂带可同时导通 3 煤顶板砂岩含水层与 J_3 红层含水层,工作面最大涌水量可大于500 m³/h。因此,正确区分 3 煤顶板砂岩含水层与 J_3 红层含水层是水害防治的前提。

(2)冒裂带内岩层的富水性

当冒裂带导通同一含水层时,其工作面的突水程度取决于含水层的富水性(一般以单位涌水量 q 表示),工作面充水程度与冒裂带内岩层的富水性有较好的相关性。例如,14309 东运顺突水点附近(倾斜上方)有东 6 孔($q_{cp}=0.2593$ L/(s·m),$K=1.033$ m/d)是整个兖州煤田 3 煤顶板砂岩含水层抽水孔中 q 值与 K 值最大的;东翼一采回风上山突水点附近有东 4 孔,该孔虽未进行抽水,但钻探过程中在 3 煤顶板砂岩含水层段冲洗液全漏;$43_{上}08$ 突水点倾斜上方有补29 孔,该孔亦未进行过抽水,但钻探过程中冲洗液在 3 煤顶板砂岩含水层段全漏。这些都从不同角度说明工作面充水程度与冒裂带内岩层的富水性存在较好的相关性。

由此可以推论,如果知道冒裂带导通了哪些含水层并且能够了解到被导通含水层的富水性强弱(即 q 值的大小),则根据富水性指标就能够了解工作面的充水程度。

(3)冒裂带内砂质岩层的累计厚度

一般情况下,砂质岩层,特别是中粗砂岩厚度愈大,岩层的富水性愈好,但有时也有胶结很好的砂砾岩,导致富水性差。砂质岩层的厚度毕竟是含水层含水空间赖以存在的基础,当含水层中存在裂隙时,自然厚度大的要比厚度小的含水多,水量大,所以将其视为影响岩层富水性强弱的因素之一。因此,认为冒裂带内砂岩层累计厚度与工作面突水量存在相关性。

(4) 构造对裂隙含水空间的影响

对于砂岩、泥岩等碎屑岩,其空隙(含水空间)的发育主要并不决定于碎屑的粒度,因为对于基岩来说,在漫长的地质历史时期中原生沉积经过固结成岩作用后,原生的能起含(透)水作用的孔隙已经不复存在或存在无几(视岩层的形成年代久远而定)。这时构造作用形成的裂隙对碎屑岩的透水和含水起决定性作用。

从理论上分析,褶曲(向斜或背斜)轴部在地层弯曲易于受到拉伸或挤压,裂隙发育,离轴部较远的翼部则裂隙发育较差。同样断层两盘岩层在断裂形成时因受拉伸、挤压或牵引,裂隙发育较好,离断层带愈远,则裂隙发育愈差,断层对裂隙的发育具有重要影响。冒裂带内砂岩层的厚度和裂隙发育程度的综合就可以表明砂岩层中的含水空间发育情况好坏。

(5) 岩层含水空间的汇水条件

一般地,向斜轴部的汇水条件最好。东滩矿此前的突水实例证实,向斜轴部是煤层顶板冒裂带内岩层最富水的地段,该矿的几次大突水均发生在该地段内。

(6) 矿压对工作面充水的影响

由突水实例分析可知,矿压是 3 煤顶板突水的诱发因素。对于掘进巷道,压力集中会引起冒顶,从而导致 3 煤顶板砂岩突水;对于综采工作面,压力集中会引起断层活化或断层处冒裂带高度增加,从而导 J_3 红层水进入工作面。由于工作面停产易导致矿压集中,也容易诱发突水,如 $43_上 08$、14301 和 14309 东运顺的突水都是发生在工作面停产或巷道暂停掘进时。所以,为了防止发生较大突水,除了评价和预测工作面的突水发生条件外,还要保持采掘工作面均衡推进,避免造成矿压集中是十分必要的。

由上面的分析可知,东滩煤矿的突水因素主要包括构造(褶曲、断层)、冒裂带内的富水性、冒裂带内的砂岩层厚度、汇水条件、采矿影响(矿压)、冒裂带的发育高度。此外,也与采掘工作面的推进方向和工作面底板起伏的关系有关。显然,如果冒裂带内岩层的富水性及冒裂带的确切高度能够确定,突水的可能性便可以肯定。但是根据已有数据并不能确定这两种因素的具体情况。冒裂带高度主要与所采煤层的厚度有关,但还受其他地质条件影响。另外,上述各种因素之间的关系也不完全清楚。

7.2.2　突水信息采集

在主要突水因素确定后,接下来就是如何采集相关信息。东滩矿水文地质条件简单,前期水文地质工作量投入较少,积累的水文地质信息有限,在这种情况下只有从钻探和采矿实践中加以挖掘,从有关科研成果和邻矿相关资料中加以分析总结和借鉴。这样得到的信息既有数量化信息又有非数量化信息;数量化信息可直接用于分析、建模,非数量化信息还需要通过量化后才能在分析、建模中发挥作用。

首先,要计算冒裂带发育高度,判断其是否会导通顶板含水层。由于本区对冒裂带发育高度已进行了大量的研究,基本确定了推算冒裂带发育高度的经验公式,因此,该信息的采集比较容易。

其次,在冒裂带导通顶板含水层的情况下,是否发生矿井突水及突水量的大小,就取决于冒裂带内含水层的富水性。如果区内有足够的水文地质参数,能够直接了解、评价冒裂带内岩层的富水性,这一过程也比较容易实现。

汇水条件是重要的突水影响因素,根据对本区 $3(3_{上})$ 煤层顶板砂岩含水层和侏罗系红层含水层富水性的分析,并考虑到各因子的数据采集和量化的可能性和难易程度,本次研究选取了冒裂带内含水层的砂质岩层累计厚度、构造对裂隙发育的影响程度和构造对汇水条件的影响程度等 3 个因素作为预测因子。

(1)冒裂带内砂质岩层的累计厚度

在前面我们曾经提出砂质岩层是含水层含水空间赖以存在的基础,并指出砂质岩层厚度大的情况下比厚度小的情况下工作面突水强度大,因此将冒裂带内砂质岩层累计厚度列为主要突水因素之一。

在实际工作中我们是先根据每一钻孔揭露的 $3(3_{上})$ 煤层厚度,在不考虑构造影响的情况下,计算出裂高。然后从 MGIS 的数据库中,按计算出的裂高值提取钻孔中裂高范围内每一砂质岩层的厚度,再按下式计算:

$$\sum M = \sum M_{砾} + \sum M_{粗砂} + \sum M_{中砂} + \sum M_{细砂} + 1/2 \sum M_{粉砂} \quad (7\text{-}1)$$

式中,M 为岩层厚度。

(2)构造对裂隙发育的影响程度

总的来说,距褶曲轴或断层愈近裂隙愈发育,反之则不发育。由于构造对裂隙发育程度的影响程度是非量化的,必须先进行量化后才能作为预测因子用于建立模型。

在本书中,构造的影响程度是通过 SVM 结合专家打分的方法进行分级,首先由专家确定影响程度的分级原则,并选择样本数据加以验证,然后再利用 SVM 对专家选出的样本数据进行分类,进一步精确界定分类位置,最后,将突水点与构造位置的距离分为 4 级。

（3）地下水的汇水条件

汇水条件对含水层的富水性也有很大影响，总的来说，向斜比背斜汇水条件好，向斜的宽度和幅度愈大，汇水条件愈好。由于汇水条件也是非量化因素，此处也采用了专家打分与 SVM 结合的方法进行分级，最后定为 4 级。

7.2.3 基于 RS 提取规则

突水是由多个因素的综合作用形成的，各因素之间的组合关系隐含着突水可能性的信息。粗糙集理论用于突水预测，就是将这些因素作为属性条件，对应的突水量的大小作为结果，形成决策规则表，用来推导发生突水时的因素组合规则，亦即在什么条件下可能发生突水，从而为突水防治提供参考。这里，对突水因素的综合分析利用了本书第 6 章提出的 SVM-RS 方法，下面以矿井突水对工作面回采的影响程度为例，说明如何提取与突水相关的预测规则。根据突水点的特征（条件属性）和突水对回采的影响（决策属性），可以得到关于突水影响因素的决策表（表 7-1），经过属性约简、规则提取、筛选后的突水对回采影响的规则见表 7-2。

表 7-1　　　　　　　　　　突水影响因素决策表

突水点编号	距背斜轴距离	距向斜轴距离	距断层距离	冒裂带内砂岩层厚度	汇水条件	煤厚	矿压	对回采影响
T10	远	远	近	大	中	正常	不集中	不大
T12	远	远	近	大	中	正常	不集中	不大
T13	较近	远	较近	大	差	正常	不集中	不大
T14	较近	远	较近	大	差	正常	不集中	不大
T15	远	远	近	大	中	正常	不集中	不大
T17	较近	远	较近	大	差	正常	不集中	不大
T18	远	近	远	中	好	正常	不集中	较大
T20	较近	远	远	中	中	正常	不集中	不大
T21	较近	远	远	中	中	正常	不集中	不大
T22	远	近	远	小	中	正常	集中	大
T23	远	近	远	大	好	正常	不集中	较大
T24	远	近	近	中	好	正常	集中	大
T25	远	远	较近	中	中	正常	不集中	不大
T26	远	远	较近	中	中	正常	不集中	不大
T27	远	近	近	中	好	正常	集中	大

表 7-2 　　　　　　　东滩煤矿矿井突水对回采影响规则

突水对回采影响规则	适应度
距向斜轴距离(远)⇒对回采影响(不大)	0.666 667
汇水条件(中) AND 矿压(不集中)⇒对回采影响(不大)	0.466 667
距断层距离(较近)⇒对回采影响(不大)	0.333 333
距背斜轴距离(较近)⇒对回采影响(不大)	0.333 333
冒裂带内砂岩层厚度(中) AND 汇水条件(中)⇒对回采影响(不大)	0.266 667
距断层距离(近) AND 冒裂带内砂岩层厚度(大)⇒对回采影响(大)	0.2
冒裂带内砂岩层厚度(大) AND 汇水条件(中)⇒对回采影响(不大)	0.2
距断层距离(近) AND 矿压(不集中)⇒对回采影响(不大)	0.2
距断层距离(近) AND 汇水条件(中)⇒对回采影响(不大)	0.2
汇水条件(差)⇒对回采影响(不大)	0.2
矿压(集中)⇒对回采影响(大)	0.2

从表 7-2 中可以看出,在煤厚正常的情况下,东滩煤矿突水具有下列特点:

① 如果采煤工作面离向斜轴距离远,矿压不集中,汇水条件差,则发生突水的水量不会影响生产;反之则影响生产。

② 当汇水条件(中、差)时,对回采的影响一般不大。尽管工作面离断层很近,冒裂带厚度也比较大,但没有好的汇水条件,充水性差,水量少,也难以影响回采,可见查明充水性对矿井突水有重要意义。

③ 由表还可以看出,在优选的规则里没有包含"对回采影响较大"的规则项,也就是说,矿井突水对回采影响的分级要适当合并,分为两级更好些;同时距断层距离的远近对回采的影响没体现出来,应适当考虑重新调整距断层距离远近的标准;同理,汇水条件的标准也应做调整。

其他有关矿井突水规则的提取手段与上面的示例类似,每类规则的提取都经过了样本收集、专家评价、规则提取、实例验证、模型调整等一系列重复操作,不断求精,最终形成了东滩矿突水预测规则系统。

7.3　利用关系数据库管理突水规则

矿井突水条件差别很大,不同区域都有不同的预测规则;同时,矿井突水预测的规则类别也有多种,如突水水源分析、涌水量评价、危险性评价等;规则的表达也有多种形式,有基于函数表达的,有基于符号表达的,有的直接陈述事实等;并且突水规则的来源也多样,有专家直接给出的,有实际工作经验转化来的,更多的是由 RS 理论提取的,由 6.2 的分析可知,由 RS 提取的规则数量大,又充斥着大量无用的、错误的规则,这就需要对这些规则加以有效管理,既能接纳新规则,又能更新旧规则,同时还能为实际问题检索出特定的规则集,这就需要研究如何高效管理这些数量庞大的原始规则集。显然,通常的管理模式已难以胜任,本节将介绍如何利用关系数据库管理众多的突水规则集。

7.3.1　规则的表示

规则—事实体系是人工智能领域描述知识的主要手段[143,144]:

① 事实可以分为元事实(Metafact)和复杂事实。本书把可以表示为二元关系的事实称为元事实,它由一个变量(Var)和特定值(Val)的关联组成,即 X=x,可以用谓词公式来表示为:

$$OP(Var, Val)$$

谓词 OP 随着项的不同、描述对象的不同有不同的符号,总的来说可以归纳为如下几类:集合运算符、算术运算符、叙述型运算符。

不能表示为二元关系的事实称为复杂事实,但应当都可以表示为多元关系,可以用下述方法转换成二元关系。添加中间节点,令:

$$R(X_1, X_2, \cdots, X_n) = R_1(X_{11}, X_{12}) \wedge R_2(X_{21}, X_{22}) \wedge \cdots \wedge R_n(X_{n1}, X_{n2})$$

因此事实归根到底是由元事实构成。

② 规则由前提和结论构成,前提是一系列元事实的连接所构成的假设,结论则由几个元结论组成。为了避免规则解释的二义性,规则的前提只能是与运算,如果遇到或运算,首先将其分成多条规则,例如:

IF 断层落差大 ∨ 含水层厚 THEN 突水,可以写为:

IF 断层落差大 THEN 突水 or IF 含水层厚 THEN 突水。

因此,每一条规则都可以表示为:IF $FACT_1 \wedge FACT_1 \wedge \cdots \wedge FACT_n$ THEN $FACT_x$,其中结论的 $FACT_x$ 可以为事实的或和与。

由此可知,规则可以最终表示为前提和结论的二元关系(如果考虑置信度的话将是三元关系);前提是由元事实的与构成,结论由一系列元结论的组合构成。

③ 多元关系总可以转化为二元关系,二元关系表示方法可以表示规则。因此,这种表示方法可以表示所有的多元关系构成的规则。

通过上面的分析可以确定,在规则—事实体系下规则的最小组成单元是元事实,规则是由事实构成的二元运算关系。而关系数据库正是基于这种二元关系设计,可以方便地表示事实和事实之间的关系,同时,也能有效管理这些关系。

7.3.2 规则的关系数据库表示方法

通过上面的讨论,可知从事实 FACT 出发,将其拆成一系列事实的或:$FACT_i$,分别考虑每一个 $FACT_i$,找到所适用的规则,进行推理,得到结论,由于结论也是事实,重复这个过程,直到最终结果。设计规则库时,主要需要 5 张表:

① 元事实表(Meta-Fact):(元事实编码,变量,谓词类型,谓词名,值)。

② 事实表(Fact):(事实编码,元事实编码)。

③ 规则表(Rule):(规则编码,事实编码,结论编码,置信度)。

④ 结论表(Conclusion):(结论编码,元结论编码)。

⑤ 元结论表(Meta-Conclusion):(元结论编码,变量,谓词类型,谓词名,值)。

此外,为了加快规则的检索速度,还需要若干索引表,如事实索引表(元事实编码,包含该项的事实编码)、规则索引表(事实编码,包含该项的规则编码)等。

其中元事实是不能再分的事实,而事实表中的事实表示为若干元事实编码的组合,规则表中的事实编码、结论编码表示为事实表中的事实编码与结论表中的结论编码;结论表中的结论为若干元结论的组合;结论也可以作为新的事实,因此,设计的事实与结论具有相同的结构。为方便起见,在下面的论述中,我们把元事实、元结论统称为规则项,而事实与结论就是若干规则项的组合。几张表在关系数据库中的存储见图 7-2 所示。

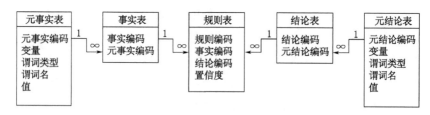

图 7-2　规则库的表结构

上述规则库结构可以建立通用的规则表示与存储体系,但在实际应用中,任一规则项的变动均可导致规则库的更新,也就需要进行大量的记录操作,当规则项达到一定规模时,会导致数据维护困难。因此,需要对规则库进行一致性、冗余性检查,对规则进行合理的约简;同时,还可以采用合理的编码结构来减少数据的存储量与运算量,如李晓强等[145]用元事实编码的字符串来表示事实,如"1,2,-3,+,4",符号"-"表示取反,符号"+"表示或,","表示为一系列的与关系,上述字符串可以解释为:事实 1 且事实 2 且非事实 3 或事实 4 可以得出某一结论。但这种编码策略不便于规则的维护和更新,字符串操作也不利于推理,不能从根本上解决问题。为此,本书提出了一种新的规则编码方法,下面加以介绍。

7.3.3 一种新的规则编码方法

首先,可以证明,集合 $[1..2^n-1]$ 的任一元素都可以用集合 $[2^0,2^1,\cdots,2^{n-1}]$ 的子集的元素和来表示,而 $[2^0,2^1,\cdots,2^{n-1}]$ 的任一子集的元素和都属于 $[1..2^n-1]$。例,当 $N=3$ 时,集合 $[1..7]$ 中的元素可以表示为:

$$1=2^0,2=2^1,3=2^1+2^0,4=2^2,5=2^2+2^0,6=2^2+2^1,7=2^0+2^1+2^2$$

这样,我们可以用对所有规则项按 $[1..N\text{-}1]$ 来编码,规则项组合的编码为 $\sum 2^i$(i 为规则项的编码),规则的编码为 $\sum 2^j$($j=\sum 2^i$),这样,规则项、规则项组合、规则就可以通过编码联系起来,对任一条规则,可以通过编码检索出该规则所涉及的规则项;对任一规则项都可以检索出该项对应的所有规则。

其编码运算为:

规则编码 $=\sum 2^j$(j 为规则项组合编码)

规则项组合编码 $j=\sum 2^i$(i 为规则项编码)

解码运算为:

初始:规则项集合置空

FOR i=N-1 TO 0

    IF 规则编码 $-2^i>0$ then

        规则编码=规则编码-2^i

        规则项集合添加 i

    End if

next i

在实际应用中,N 的大小受计算机字长的限制,在 32 位微机上 N 最大可达到 $2^{1024}-1$,这样,事实、结论的编码范围为 $[1..1023]$。当需要更多编码时,可以考虑双字或多字编码表示,必要时,可以采用文本编码,文本不能直接进行算术运算,需要进行字符与数字的转化,编码、解码速度会慢一些。

接下来,需要将编码合理地分配给各规则项,给它们各自一个合适的编码空间,既能保持各自的独立性又具有良好的扩充性。一般地,结论的编码量很少,而特定领域的事实又分若干类属,在编码范围上要根据实际问题进行综合考虑。下面,以矿井突水的实际编码为例介绍如何分配编码,把 0..1023 表示为十六进制 0..3FF,其中 0..3F 为大类码,0..F 为小类码,大类码表示某一规则项的类别,小类码表示规则项的值,见表 7-3 所示。

表 7-3   突水规则编码分配表

大类码	小类码	规则项分类	谓词、谓词类型与值
	1	条件	正断层
	2	条件	逆断层
00	3	条件	无断裂、缺失
	…		
01			条件项预留
	1	度量	距断层 <20 m
02	2	度量	距向斜 10~20 m
	…	度量	含水层厚 >50 m
03	1	度量	与红层的距离
	…	度量	与 3(3上)煤顶板的距离
04	1	度量	汇水条件:中
	…	度量	
…	…	……	度量、结论预留
09	1	结论	突水大
	2	结论	对回采影响大
	3	结论	是顶板砂岩水
	4	结论	是红层水
	5	结论	不能确定
	…	结论	……
	1	事实	工作面突水
A	2	事实	钻孔漏失
	…	……	……

大类码	小类码	规则项分类	谓词、谓词类型与值
B	1	事实	岩层裂隙发育
	2	事实	小断层发育
	…	……	……
C	1	事实	……
	2	事实	……
	…	……	……
D	1	事实	水量增大
	…	事实	……
	…	……	……
…	1	事实	物探异常
	…	……	……
…	…	事实	预留编码
3F		事实	预留编码

通过表 7-3 可知,每一规则项都有唯一的编码表示,并且编码具有一定的伸缩性,在计算机支持范围内,当编码取值范围足够大时,它能表示的规则项是无限多的,当增加、删除某一规则项时,不影响其他规则项。另外,这种表示留有足够的扩充空间,随着规则的增多,系统有良好的升级能力。如果十六进制仍无法满足各类规则项的容量,还可以采用三十二进制、六十四进制来分配编码空间。当删除一规则项时,则只需要删除含该规则项的所有规则,并不影响其他规则,当增加一规则项时,原有规则无须改动;当增加、删除规则时,只需增加、删除该项规则的编码,规则项不受影响。当某一规则项长期不被引用时,系统还可以提示用户给予处理。

7.4　系统简介

矿井突水评价与预测子系统的核心任务是依据水文地质数据管理子系统和水文地质图形管理子系统提供的数值数据和图形数据,利用相关的理论进行矿井突水评价,实现对矿井突水的预测预报。系统的体系结构见图 7-3 所示。

系统主要功能有:突水水源分析、底板突水预测、顶板突水预测、采区突水危险性评价、全矿水害预测、突水量估算、水文地质资料管理、水文地质统计分析报

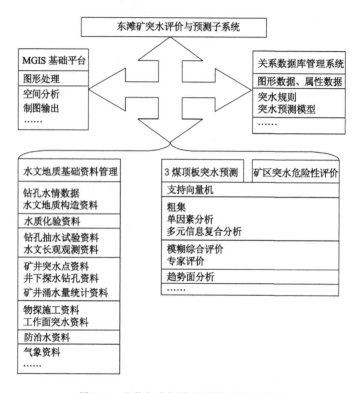

图 7-3 矿井突水评价与预测系统示意图

表等,以及 MGIS 的基本图形编辑、空间分析功能、图形属性数据管理、制图输出等辅助功能。本系统已嵌入 MGIS 内,与 MGIS 共享基础资料,利用 MGIS 的基本功能,结合系统的分析模型为矿井突水预测提供决策支持。

系统采用 MCAD 为基础平台,主要进行矿山图形数据的操作以及空间分析、运算,使用 SQL Server 数据库系统管理突水属性信息,图形与属性间通过连接字段联系,空间分析模型可以直接读取属性信息,但尚不能直接读取图形信息,需要由图形系统导出信息文件或数据表。

笔者参加了系统的研发工作,本书的研究作为系统的组成部分。

7.5 本章小结

根据前面的理论与方法,研发了东滩矿突水评价与预测子系统。主要贡献在于:

① 利用 SVM-RS 提取了各类突水预测规则,研究了利用关系数据库管理突水规则的有关技术,并提出一种新的规则编码算法,很好地解决了规则杂乱、多、难以管理的难题。

② 参与开发了突水评价与预测系统,为本书探索的基于 MGIS 和 SVM 的矿井突水信息处理新方法走向实用奠定基础。

第8章 结论与展望

矿井突水是一个复杂的人—地复合系统,内部各影响因素相互关联并耦合,其作用机理复杂而多变,以目前的认知水平难以窥其全貌。基于机器学习的认知方法,如 ANN、SVM 等,在矿井突水信息处理中越来越受到关注,并体现出良好的应用优势。本书在 MGIS 理论和技术的支持下,以 SVM 为主要理论支撑,系统研究了它们在矿井突水信息处理中的应用,取得了如下主要成果。

(1) 从 SVM 原理、RBF 核函数自身的性质出发,揭示了误差惩罚参数 C、核参数 σ 影响 SVM 性能的机理,提出核函数、核参数是样本相似性、相似程度的评价标准,并以此分析了 RBF 核参数 σ 的性质。提出 SVM 的训练参数 C 可以调控样本类别间的相似度,是针对样本类;σ 直接调控样本自身的相似度,是针对样本个体,C、σ 在一定程度上互相抑制,共同影响着 SVM 的推广性能。

(2) 根据误差惩罚参数 C、核参数 σ 对 SVM 性能影响的分析,对目前公认的 SVM 性能与 (C,σ) 的关系图进行了修正。将 (C,σ) 的优选问题推广到多类 SVMs,并探讨了样本维数对 (C,σ) 选择范围的影响。最后,提出了双线—网格法优选 (C,σ) 的新方法,并引进模板运算,以消除局部突出区域。

(3) 总结了多类 SVMs 的有关理论,比较分析了它们的训练速度、分类速度、推广能力。推导了 1-V-1 SVMs、H-SVMs 推广误差的估计公式,根据多类 SVMs 的推广误差分析,指明了 H-SVMs、ECOC SVMs 推广能力的改进方向。

(4) 分析了 H-SVMs 的推广性能,得出其推广性能与样本类别、容量、空间分布、树结构有关,根据分析结果,提出了依据最大间隔分类、最小间隔聚类从 Topdown、Bottomup 两种策略构造 H-SVMs 的新方法,并加以验证。

(5) 在分析已有 ECOC 编码方法的基础上,提出了构造 ECOC 编码的新思路,即通过实际问题选择编码,赋予编码以实际意义,而不是拘泥于编码本身的研究,并通过最大间隔分类原则优选编码列构造出了推广性能较优的 ECOC SVMs,证实了该编码思路的正确性。

(6) 利用 SVM、H-SVMs 分析了矿井突水水源,建立了矿井突水水源分析的 SVM 模型,多类水源识别的 H-SVMs 模型,所建模型不仅能正确识别突水水源,还能对识别过程进行合理解释,这对矿井水防治具有重要意义。基于 SVM 提出了分析两类水源混合比的新方法,并尝试利用 SVM 判别函数值预测可能的水文地质异常,为矿井水防治提供了有益参考。

(7) 建立了矿井突水预测的 SVM 模型,实验表明 SVM 不仅能预测突水大小,还能对突水影响因素进行分析。提出了利用 SVM 离散化连续属性数据的新方法,与其他方法比,该方法具有断点数少、规则可靠度高的优点。提出了矿井突水信息处理的 SVM-RS 方法,对 SVM、RS 的推广应用有重要参考价值。

(8) 研究了利用关系数据库管理规则知识的有关技术,提出了一种新的规则编码方法,解决了大量规则存储与检索的难题。探讨了 MGIS 在矿井突水信息处理中的作用,基于 MGIS 多元复合分析功能建立了矿井突水危险性预测模型。最后,基于 MGIS,集成本书的研究成果开发了东滩矿突水评价与预测系统,该系统在实际应用中取得了满意效果,并为其他矿山信息的处理提供了范例。

正如本书一再强调的观点:矿井突水的机理是复杂的,难测的,只能通过有效的信息处理技术从中发现有价值的规律,从而指导矿井突水的预测预报。矿井突水影响因素多,不确定性大,存在偶然性,本书利用 SVM、RS、MGIS 对矿井突水的评价和预测仅仅是初步研究,仍有许多问题需要进一步深入探讨,当前急需解决的问题有:

(1) SVM 核函数及参数选择对 SVM 的性能影响很大,针对具体的模式识别问题,如何选取最优核函数及参数十分重要。SVM 实质就是核方法,关于核函数的研究始终是 SVM 理论研究的热点,如何构造适合于矿山信息处理的核函数,是 SVM 在矿山信息处理中的关键。

(2) 对学习机的推广性进行理论分析是非常有意义的,它使人们能够认识到影响学习机推广能力的关键因素,从本质上掌握提高学习机推广能力的方法。虽然本书总结、推导了 SVM、多类 SVMs 推广误差的理论公式,但公式的界是非常宽松地,自身误差很大,只能做大概分析。目前尚没有一种统一的理论和方法可以用来分析各种学习机的推广性能。

(3) 本书利用 SVM 处理矿井突水信息时均采用了线性核函数,如何将线性核的分析方法扩展到其他核函数是本书下一步要解决的难点问题,目前仍没有可行的思路。该问题实质也是 SVM 理论的一个难点,即输入的样本空间经过核映射到高维空间后,如何认识其在高维空间的性质。

(4) 与矿井突水相关的信息总是显得粗糙,难以精确描述,其他矿山信息也有类似特点,这就导致利用这些信息进行机器学习时,学习机的性能难以保证。如何有效地采集相关的突水信息,如何约简掉无用的甚至错误的信息,是提高学习机性能的有效途径,但对带噪声信息的处理一直是机器学习的难题,这一难点在矿山信息处理上表现得尤为突出。

(5) 利用 SVM-RS 方法处理矿井突水信息时,可以方便地获取突水规则,但规则的可靠度一直是粗糙集理论无法逾越的难关。对于所提取规则的可靠度,一方面是突水规律自身的表现形式,另一方面也与信息处理方法有关,如何选择合理的信息处理方法,提高规则的可靠度,使机器学习走向实用,是当前研究必须考虑的问题。

(6) 本书仅以矿井突水为例,介绍了 SVM 在矿山信息处理中的应用。就笔者掌握的情况看,本书的研究思路完全可以应用到其他矿山信息的处理上,如矿井瓦斯预测、矿井地质构造评价、矿产资源评价与预测、矿山经济效益分析等领域。

本书的研究成果仍需要实践的进一步检验,有些理论与方法也有待不断完善,恳请各位专家、同行给予评阅并指教,笔者也将不断探索,精益求精,在以后的研究道路上继续跟进。

参 考 文 献

[1] 郭达志,张瑜.矿区资源环境信息系统的基本内容和关键技术[J].煤炭学报,1996,21(6):571-575.

[2] 吴立新,殷作如,钟亚平.再论数字矿山:特征、框架与关键技术[J].煤炭学报,2003,28(1):1-6.

[3] 吴立新,汪云甲,丁恩杰,等.三论数字矿山——借力物联网保障矿山安全与智能采矿[J].煤炭学报,2012,37(3):357-365.

[4] 张大顺,郑世书,孙亚军,等.地理信息系统技术及其在煤矿水害预测中的应用[M].徐州:中国矿业大学出版社,1994.

[5] 毛善君.煤矿地理信息系统数据模型的研究[J].测绘学报,1998,27(4):331-336.

[6] 陈云浩,郭达志.矿山地理信息系统中的三维数据结构[J].矿山测量,1998,2:9-12.

[7] 齐安文,吴立新,等.矿山地理信息系统(TT-MGIS2000)图形数据组织研究[J].煤田地质与勘探,2001,29(6):12-14.

[8] 马荣华,黄杏元,贾建华,等.矿山地理信息系统中巷道模型的研究[J].测绘学报,2000,29(4):355-361.

[9] 杜培军,郭达志,田艳凤.顾及矿山特性的三维GIS数据结构与可视化[J].中国矿业大学学报(自然科学版),2001,30(3):238-243.

[10] 王宝山,冯玉永.基于控件的矿山地理信息系统应用软件开发[J].辽宁工程技术大学学报,2005,24(4):504-507.

[11] 靳德武.采煤工作面矿井突水预报泛决策分析理论研究综述[J].焦作工学院学报,2000,19(4):246-49.

[12] 倪宏革,罗国煜.煤矿水害的优势面机理研究[J].煤炭学报,2000,25(5):518-521.

[13] 王连国,宋扬.煤层底板突水突变模型[J].工程地质学报,2000,8(2):160-163.

[14] 王连国,宋扬.煤层底板突水自组织临界特性研究[J].岩石力学与工程学报,2002,21(8):1205-1208.

[15] 张文志,李兴高.底板破坏型突水的力学模型[J].矿山压力与顶板管理,2001,4:100-103.

[16] 邵爱军,彭建萍,刘唐生.矿坑底板突水的突变模型研究[J].岩土工程学报,2001,23(1):38-41.

[17] 尹尚先,王尚旭,武强.陷落柱突水模式及理论判据[J].岩石力学与工程学报,2004,23(6):964-968.

[18] 张西民,侯育道.采煤工作面底板突水危险性的量化评价[J].西安矿业学院学报,1998,18(1):32-36.

[19] 杨永国,李宾亭.鹤壁矿务局矿井突水等级模糊综合评判及预测[J].中国矿业大学学报,1998,27(2):204-208.

[20] 施龙青,韩进,宋扬.用突水概率指数法预测采场底板突水[J].中国矿业大学学报,1999,28(5):442-444.

[21] 刘伟韬,张文泉,李加祥.用层次分析—模糊评判进行底板突水安全性评价[J].煤炭学报,2000,25(3):278-283.

[22] 王连国,宋扬.煤层底板突水组合人工神经网络预测[J].岩土工程学报,2001,23(4):502-505.

[23] 冯利军,郭晓山.人工神经网络在矿井突水预报中的应用[J].西安科技学院学报,2003,23(4):369-393.

[24] 汪明武,金菊良,李丽.煤矿底板突水危险性投影寻踪综合评价模型[J].煤炭学报,2002,27(5):507-510.

[25] 韩非.矿井涌水量中的混沌及其最大预报时间尺度[J].煤炭学报,2001,26(5):520-524.

[26] 刘伟韬,陈学星.底板突水预测与评价的专家系统方法研究[J].中国地质灾害与防治学报,2002,12(2):70-73.

[27] 张海荣,周荣福,郭达志,等.基于GIS复合分析的煤矿顶板水害预测研究[J].中国矿业大学学报,2005,34(1):112-116.

[28] 姜谙男,梁冰.基于最小二乘支持向量机的矿井突水量预测[J].煤炭学报,2005,30(5):613-617.

[29] 冯利军.矿井水文地质信息系统及其发展趋势[J].煤炭科学与技术,2004,32(1):11-14.

[30] 武强,钱增江,董东林.基于 GIS 的矿井水文地质信息系统开发与应用 [J].煤炭科学技术,2001,29(11):30-33.

[31] VAPNIK V,IADIMIR N. The Nature of Statistical Learning Theory [M]. Springer-Verlag,New York,Inc,2000.

[32] COMES C,VAPNIK V. Support vector networks [J]. Machine Learning,1995,(20):273-297.

[33] BURGES C. A Tutorial on Support Vector Machines for Pattern Recognition[J]. Data Mining and Knowledge Discovery,1998,2(2):121-167.

[34] BOSER B,GUYON,VAPNIK V N. A Training Algorithm for Optimal Margin Classifiers,Fifth Annual Workshop on Computational Learning Theory,Pittsburgh,ACM,1992:144-152.

[35] VAPNIK V N.统计学习理论的本质[M].张学工,译.北京:清华大学出版社,2000.

[36] 张学工.关于统计学习理论与支持向量机[J].自动化学报,2000,26(1):32-42.

[37] 边肇祺,张学工.模式识别[M].北京:清华大学出版社,2000.

[38] 邓乃扬,田英杰.数据挖掘中的新方法——支持向量机[M].北京:科学出版社,2004.

[39] 范昕炜.支持向量机算法的研究及其应用[D].杭州:浙江大学,2003.

[40] 凌旭峰,杨杰,叶晨洲.基于支撑向量机的人脸识别技术[J].红外与激光工程,2002,30(5):318-327.

[41] 张燕昆,杜平,刘重庆.基于主元分析与支持向量机的人脸识别方法[J].上海交通大学学报,2002,36(6):884-886.

[42] SMITH N,GALES M. Speech recognition using SVMs[C]//Advances in Neural Information Processing Systems 14,MIT Press,2002.

[43] SAUNDERS C A,HOLLOWAY G R. Application of Support Vector Machines to Fault Diagnosis and Automated Repair[J/OL]. http://citeseer. nj. nec. com/312100. html.

[44] 张周锁,李凌均,何正嘉.基于支持向量机的机械故障诊断方法研究[J].西安交通大学报,2002,36(12):1303-1306.

[45] 骆剑承,周成虎,梁怡,等.支撑向量机及其遥感影像空间特征提取和分类

的应用研究[J]. 遥感学报,2002,6(1)50-55.

[46] 张友静,高云霄,黄浩,等. 基于 SVM 决策支持树的城市植被类型遥感分类研究[J]. 遥感学报,2006,10(2):191-196.

[47] 张锦水,何春阳,潘耀忠,等. 基于 SVM 的多源信息复合的高空间分辨率遥感数据分类研究[J]. 2006,10(1):49-57.

[48] 赵书河,冯学智,都金康,等. 基于支持向量机的 SPIN-2 影像与 SPOT-4 多光谱影像融合研究[J]. 遥感学报,2003,7(5):407-411.

[49] CRISTIANINI N, LODHI H, SHAWE-TAYLOR J. Latent semantic kernels for feature selection[J]. NeuroCOLT2 Technical Report Series, NC-TR-2000-080,2000.

[50] SIMON TONG, KOLLER D. Support vector machine active learning with applications to text classification[J],1999.

[51] DANNY ROOBAERT, MARC M, VAN HULLE. View-based 3D object recognition with support vector machines[C]//Proceedings IEEE International Workshop on Neural Networks for Signal Processing (NNSP99),Madison,Wisconsin,USA,August,1999.

[52] 姜谱男,梁冰. 地下水化学特征组分识别的粒子群支持向量机方法[J]. 煤炭学报,2006,31(6):310-313.

[53] 南存全,冯夏庭. 基于 SVM 的煤与瓦斯突出区域预测研究[J]. 岩石力学与工程学报,2005,24(2):263-267.

[54] 张莉. 支持向量机与核方法研究[D]. 西安:西安电子科技大学,2002.

[55] BARTLETT P, SHAWE-TAYLOR J. Generalization performance of support vector machines and other pattern classifiers[C]//Advances in Kernel Methods-Support Vector Learning,MIT Press,1999:43-54.

[56] SHAWE-TAYLOR J, et al. Structural risk minimization over data-dependent hierarchies[J]. IEEE Transactions on Information Theory, 1998,44(5):1926-1940.

[57] 董春曦,杨绍全,饶鲜,等. 支持向量机推广能力估计方法比较[J]. 电路与系统学报,2004,9(4):86-91.

[58] GUO YING, BARTLETT PETER L, TAYLOR J S. Covering numbers for support vector machines[J]. IEEE Trans Info,2002,48(1):239-250.

[59] WILLIAMSON R C, SOMLA A J, SCHÖLKOPF B. Generalization

performance of regularization networks and support vector machines via entropy numbers of compact operators[J]. IEEE Trans Info, 2001, 47 (6): 2516-2532.

[60] 吴涛. 核函数的性质、方法及其在障碍检测中的应用[D]. 长沙: 国防科学技术大学, 2003.

[61] SCHOLKOPF B, MIKA S, BURGES C, et al. Input space vs feature space in kernel-based methods [J]. IEEE Transactions on Neural Network, 1999: 10(5): 1000-1017.

[62] PONTIL M, VERRI A. Properties of Support Vector Machines[J]. Neural Computation, 1997(10): 955-974.

[63] 张小云, 刘允才. 高斯核支撑向量机的性能分析[J]. 计算机工程, 2003, 29 (8): 22-25.

[64] Keerthi S S, LIN C J. Asymptotic Behaviors of Support Vector Machines with Gaussian Kernel[J]. Neural Computation, 2003, 15: 1667-1689.

[65] 王鹏, 朱小燕. 基于 RBF 核的 SVM 的模型选择及其应用[J]. 计算机工程与应用, 2003, 39(24): 72-73.

[66] 王兴玲, 李占斌. 基于网格搜索的支持向量机核函数参数的确定[J]. 中国海洋大学学报, 2005, 35(9): 859-862.

[67] CHAPELLE O, VAPNIK V, et al. Choosing multiple parameters for support vector machine[J]. Machine Learning, 2002, 46: 131-159.

[68] WESTON J, WATKINS C. Multi-class Support Vector Machines[C]// Proceedings, ESANN, Brussels, 1999.

[69] BLANZ V, VAPNIK V, BURGES C. Multiclass discrimination with an extended support vector machine [R]. Talk given at AT&T Bell Labs, 1995.

[70] HSU C W, LIN C J. A Comparison of Methods for Multi-Class Support Vector Machines[J]. IEEE Transactions on Neural Networks, 2002(3): 415-425.

[71] BOTTOU L, CORTES C, DCNKER, et al. Comparison of Classifier Methods: A Case Study in Handwriting Digit Recognition [C]// International Conference on Pattern Recognition, IEEE Computer Society Press, 1994, 77-87.

[72] KREBEL U. Pairwise Classification and Support Vector Machines[C]// SCHOLKOPF B,BURGES C J C,SMOLAEDS A J. Advances in Kernel Methods:Support Vector Learning, The MIT Press, Cambridge, MA, 1999:255-268.

[73] PLATT J,CRISTIANINI N,SHAWE TAYLOr J. Large Margin DAG's for Multiclass Classification [A]//Advances in Neural Information Processing Systems 12[C],Cambridge,MA:MIT Press,2000:547-553.

[74] DIETTERICH T G,BAKIRI G. Solving multiclass learning problems via error-correcting output codes[J]. Journal of Artificial Intelligence Research,1995(2):263-286.

[75] ALLWEIN E, SCHAPIRE R, SINGER Y. Reducing multiclass to binary:A Unifying Approach for Margin Classifiers[J]. Journal of Machine Learning Research,2000,2(1):113-141.

[76] 刘志刚,李德仁,秦前清,等. 支持向量机在多类分类问题中的推广[J]. 计算机工程与应用,2004,40(7):10-13.

[77] TAKUYA INOUE,SHIGEO ABE. Fuzzy Support Vector Machines for Pattern Classification [J]. International Joint Conference on Neural Networks,Proceedings,IJCNN,2001(2):1449-1454.

[78] 李昆仑,黄厚宽,田盛丰,等. 模糊多类支持向量机及其在入侵检测中的应用[J]. 计算机学报,2005,25(2):274-280

[79] PLATT J. Fast Training of Support Vector Machines Using Sequential Minimal Optimization[C]//SCHOLKOPF B,BURGES C J,SMOLA A J. Advances in Kernel Methods:Support Vector Learning, MIT Press, 1999:185-208.

[80] 夏建涛,何明一. 支持向量机与纠错编码相结合的多类分类算法[J]. 西北工业大学学报,2003,21(4):443-448.

[81] 董春曦,饶鲜,杨绍全,等. 支持向量机参数选择方法研究[J]. 系统工程与电子技术,2004,26(8):1117-1120.

[82] BENNETT K,CRISTIANINI N,SHAWE TAYLOR J,et al. Enlarging the Margin in Perceptron Decision Trees[J]. Machine Learning,2000 (41):295-313.

[83] SHAWE TAYLOR J,BARTLETT P L,WILLIAMSON R C,et al.

Structural Risk Minimization over Data-Dependent Hierarchies [J]. IEEE Trans on Information Theory,1998,44(5):1926-1940.

[84] FUMITAKE TAKAHASHI,SHIGEO ABE. Decision-tree-based Multiclass support vector machines [J]. Proceedings of ICONIP 2002, 3: 1418-1426.

[85] FRIED HELM SCHWENKER. Hierarchical Support Vector Machines for Multi-Class Pattern Recognition [C]//Fourth International conference on Knowledge-Based Intelligent Engineering Systems & Allied Technologies,Brighton,UK,2000,561-565.

[86] HANSHENG LEI,VENU GOVINDARAJU. Half-Against-Half Multiclass Support Vector Machines[J]. IAPR International Workshop on Multiple Classifier Systems,Monterrey,CA,June,2005,156-164.

[87] DAVID CASASENT,YU CHIANG WANG. A hierarchical classifier using new support vector machines for automatic target recognition[J]. Neural Networks 18(2005) 541-548.

[88] PEI YI HAO,JUNG HSIEN CHIANG,YI KUN TU. Hierarchically SVM classification based on support vector clustering method and its application to document categorization [J/OL]. Expert Systems with Applications(2006),doi:10.1016/j. eswa. 2006.06.009.

[89] 王建芬,曹元大.支持向量机在大类别数分类中的应用[J].北京理工大学学报,2001,2(2):225-228.

[90] 马笑潇,黄席樾,柴毅.基于SVM的二叉树多类分类算法及其在故障诊断中的应用[J].控制与决策,2003,18(3):272-276.

[91] 安金龙,王正欧,马振平.一种新的支持向量机多类分类方法[J].信息与控制,2004,33(3):262-267.

[92] 张国宣,孔锐,施泽生,等.基于核聚类方法的多层次支持向量机分类树[J].控制与决策,2004,19(11):1305-1307.

[93] 唐发明,王仲东,陈绵云.支持向量机多类分类算法研究[J].控制与决策,2005,20(7):746-749.

[94] 张国云,章兢.一种新的分裂层次聚类SVM多值分类器[J].控制与决策,2005,20(8):931-934.

[95] 徐启华,师军.一种新型多分类支持向量算法及其在故障诊断中的应用

[J].系统仿真学报,2005,17(11):2766-2768.

[96]　孟媛媛,刘希玉.一种新的基于二叉树的 SVM 多类分类方法[J].计算机应用,2005,25(11):2653-2657.

[97]　刘良斌,王小平.基于支持向量机和输出编码的文本分类器研究[J].计算机应用,2004,24(8):32-34.

[98]　SELMAN B,LEVESQUE H,MITCHELL D. A new method for solving hard satiability problems[J]. In Proceedings of AAAI 1992,440-446.

[99]　CRAMMER K,SINGER Y. On the learnability and design of output codes for multiclass problems[C]//Proc. of the 13th Annual Conf. on Computational Learning Theory,2000,35-46.

[100]　蒋艳凰,赵强利,杨学军.一种搜索编码法及其在监督分类中的应用[J].软件学报,2005,16(5):1082-1089.

[101]　NATHALIE JAPKOWICZ,SHAJU STEPHEN. The class imbalance problem,a systematic study[J/OL]. http://www. site. uottawa. ca/school/publications/techrep/2001/index. shtml.

[102]　胡友彪,郑世书.矿井水源判别的灰色关联度方法[J].工程勘察,1997(1):25-26.

[103]　周笑绿,郑世书,杨国勇.南桐煤矿二井井下突水水源综合分析[J].中国矿业大学学报,1997,26(2):60-62.

[104]　王广才,王秀辉,李竞生,等.平顶山矿区矿井突(涌)水水源判别模式[J].煤田地质与勘探,1998,26(3):47-50.

[105]　姜长友.基于人工神经网络的水源判别方法[J].华北水利水电学院学报,1999,20(2):44-47.

[106]　岳梅.判断矿井突水水源灰色系统关联分析的应用[J].煤炭科学技术,2000,30(4):37-39.

[107]　郭建斌,魏久传,李增学,等.华丰煤矿前组煤充水含水层水化学特征与矿井涌水水源判别[J].矿业安全与环保,2000,27(5):35-37.

[108]　李明山,禹云雷,路风光.姚桥煤矿矿井突水水源模糊综合评判模型[J].勘察科学技术,2001(2):16-20.

[109]　王玉民,焦立敏.利用水质分析法判定矿井涌水水源[J].煤矿安全,2001,32(10):12-14.

[110]　冯利军,李竞生,邵改群.具有线性功能函数的神经元在矿井水质类型识

别中的应用[J].煤田地质与勘探,2002,30(4):35-37.

[111] 张许良,张子戍,彭苏萍.数量化理论在矿井突(涌)水水源判别中的应用[J].中国矿业大学学报(自然科学版)2003,32(3):251-254.

[112] 何文章,郭鹏.关于灰色关联度中的几个问题的探讨[J].数理统计与管理,1999,18(3):25-29.

[113] 吕锋,刘翔,刘泉.七种灰色系统关联度的比较研究[J].武汉工业大学学报,2000,22(2):41-43.

[114] 魏玲,祁建军,张文修.基于支持向量机的决策系统知识发现[J].西安交通大学学报,2003,37(10):995-998.

[115] 曾黄麟.粗糙集理论及其应用[M].重庆:重庆大学出版社,1998.

[116] 张文修,吴伟志,梁吉业,等.粗糙集理论与方法[M].北京:科学出版社,2001.

[117] ZIARKO W P. Rough sets,fuzzy sets and knowledge discovery[M]. NewYork:Springer-Verlag,1994:32-44.

[118] 范昕炜,杜树新,吴铁军.粗 SVM 分类方法及其在污水处理过程中的应用[J].控制与决策,2004,19(5):573-576.

[119] 韩秋明,赵轶群.Rough set 中基于聚类的连续属性离散化方法[J].计算机工程,2003,29(4):81-82,87.

[120] 何亚群,胡寿松.粗糙集中连续属性离散化的一种新方法[J].南京航空航天大学学报,2003,35(2):212-215.

[121] 李兴生,李德毅.一种基于密度分布函数聚类的属性离散化方法[J].系统仿真学报,2003,15(6):804-806.

[122] HOLTE R C. Very simple classification rules perform well on most commonly used datasets[J]. Machine Learning,1993,11:63-90.

[123] RICHELDI M,ROSSOTTO M. Class-driven statistical discretization of continuous attributes(extended abstract)[A]//Lavrac N,Wrobel S. Machine Learning:ECML-95,Lecture Notes in Artificial Intelligence 914,Springer Verlag[C]. Berlin,Heidelberg,New York,1995, 335-338.

[124] MICHAL R,CHMIELEWSKI,JERZY W. Global discretization of attributes as pre-processing for machine learning[A]//Proc of the Ⅲ International Workshop on RSSC94[C].1994,294-301.

[125] DOUGHERTY J, KOHAVI R, SAHAMI M. Supervised and unsupervised discretization of continuous features [A]//Proceedings of the 12th International Conference on Machine Learning [C]. Morgan Kaufmann, Publishers, San Francisco, CA, 1995, 194-202.

[126] FAYYAD U M, IRANI K B. On the heading of continuous valued attributes in decision tree generation[J]. Machine Learning, 1992, 8:87-102.

[127] 王国胤. Rough 集理论与知识获取[M]. 西安:西安交通大学出版社, 2001.

[128] NGUYEN H S, GUYEN S H. From optimal hyperplanes to optimal decision trees:rough set and Boolean reasoning approach[A]//Sumoto S T, Kobayashi S, Yokomori T, et al. The Fourth International Workshop on Rough Sets, Fuzzy Sets and Machine Discovery(RSFD'96), University of Tokyo, 1996, 82-88.

[129] 王建东,皋军.一种基于云模式连续型属性离散化的算法[J].计算机应用,2004,24(2):135-137.

[130] 张葛祥,金炜东,胡来招.粗糙集理论中连续属性的广义离散化[J].控制与决策,2005,20(4):372-376.

[131] 刘震宇,郭宝龙,杨林耀.一种新的用于连续值属性离散化的约简算法[J].控制与决策,2002,17(5):545-549.

[132] 赵荣泳,张浩,李翠玲,等.粗糙集连续属性离散化的 MDV 方法[J].计算机工程,2006,32(3):52-54.

[133] 石红,沈毅,刘志言.一种改进的连续属性全局离散化算法[J].电机与控制学报,2004,8(3):268-280.

[134] 聂作先,刘建成.一种面向连续属性空间的模糊粗糙约简[J].计算机工程,2005,31(6):163-165.

[135] 代建华,李元香,刘群.粗糙集理论中基于遗传算法的离散化方法[J].计算机工程与应用,2003,39(8):13-14.

[136] 王亚英,邵惠鹤.基于粗糙集理论的规则知识获取技术[J].上海交通大学学报,2000,34(5):688-690.

[137] 王作宇,刘鸿泉.承压水上采煤[M].北京:煤炭工业出版社,1993.

[138] 郭文兵,邹友峰,邓喀中.煤层底板采动导水破坏深度计算的神经网络方

法[J].中国安全科学学报,2003,13(3):34-38.

[139] 于小鸽,韩进,施龙青,等.基于 BP 神经网络的底板破坏深度预测[J]. 煤炭学报,2009,34(6):731-736.

[140] KENNEDY J,EBERHART R C. Particle swarm optimization[A]// IEEE International Conference on Neural Networks[C]. New York: IEEE Press,1995:1942-1948.

[141] VAN DEN BERGH F,ENGELBRECHT A P. A cooperative approach to particle swarm optimization[J]. IEEE Transactions on Evolutionary Computation,2004,8(3):225-239.

[142] SUYKENS J A K,VANDEWALLE J. Recurrent least squares support vector machines[J]. IEEE Transactions on Circuits and System I, 2000,47(7):1109-1114.

[143] 武波,马玉祥.专家系统[M].北京:北京理工大学出版社,2001.

[144] 杨炳儒.知识工程与知识发现[M].北京:冶金工业出版社,2000.

[145] 李晓强,崔德光.基于关系数据库的知识库结构设计[J].计算机工程与 应用,2001,24:102-103.

[146] 许云,樊孝忠.在专家系统中利用关系数据库来表达知识[J].计算机工 程与应用,2003,22:91-93.

[147] 武强.矿井水害防治[M].徐州:中国矿业大学出版社,2007.

本书相关的学术成果

[1] 闫志刚,杜培军.关系数据库表示规则知识的理论与方法[J].计算机工程与应用,2006,42(26):150-152.

[2] 闫志刚,杜培军,王小英.矿业网格研究及其应用[J].中国矿业,2006,15(6):87-90;

[3] YAN Zhi-gang(闫志刚),ZHANG Hai-rong(张海荣),DU Pei-jun(杜培军).Application of SVM to Analyze the Headstream of Water Inrush in Coal Mine[J].Journal of China University of Mining and Technology,2006,16(4):433-438(Ei 检索,070510399962).

[4] 闫志刚,杜培军,郭达志.矿井涌水水源分析的支持向量机模型[J].煤炭学报,2007,32(8):842-847(Ei 检索,073310766883).

[5] 闫志刚,杜培军,汪云甲.数据挖掘的 SVM-RS 方法[J].中南大学学报(自然科学版),2007,38(Special 1):756-762.

[6] 闫志刚.SVM 及其在矿井突水信息处理中应用的研究[J].岩石力学与工程学报,2008,27(1).

[7] 闫志刚,白海波,张海荣.一种新型的矿井突水分析与预测的支持向量机模型[J].中国安全科学学报,2008,18(7):166-170.

[8] 闫志刚,杜培军,张海荣.矿井突水信息处理的 SVM-RS 模型[J].中国矿业大学学报,2008,32(3):295-299(Ei 检索:082611337014).

[9] 闫志刚,杜培军.多类支持向量机推广性能的分析[J].数据采集与处理,2009,24(4):469-475(Ei 检索).

[10] 闫志刚,白海波.矿井涌水水源识别的 MMH 支持向量机模型[J].岩石力学与工程学报,2009,28(2):324-329(Ei 检索).

[11] 闫志刚,杜培军.H-SVMs 的构造方法[J].东南大学学报(自然科学版),2009,39(suppl):204-209(Ei 检索).

[12] Zhigang Yan(闫志刚).SVM model for data mining and knowledge discoverying of mine water disasters [C]//8th World Congress on

Intelligent Control and Automation（WCICA），2010，978-1-4244-6712-9：2838-2842（Ei 检索）.

[13]　Zhigang Yan（闫志刚）. Research on ECOC SVMs［C］//8th World Congress on Intelligent Control and Automation（WCICA），2010，978-1-4244-6712-9：2730-2734（Ei 检索）.

[14]　Yan Zhigang（闫志刚）. The research on the automatic computer drawing of the correlation chart of coal and rock seams［C］//2010 29th Chinese Control Conference（CCC），2010，978-1-4244-6263-6：5740-5743（Ei 检索）.

[15]　Zhigang Yan（闫志刚）. a Novel Model for Selecting Parameters of SVM with RBF Kernel［C］//9th World Congress on Intelligent Control and Automation（WCICA），2012，978-1-4673-1398-8：566-569（Ei 检索）.

[16]　Yan，Zhigang（闫志刚），Cui Chengling. An intelligent model for predicting the damage depth of coal seam floor based on LS-SVM optimized by PSO［J］. Journal of Applied Sciences，2013，13（11）：1954-1959（Ei 检索）.

[17]　Zhigang Yan（闫志刚），Yuanxuan Yang，Yunjing Ding. An Experimental Study of the Hyper-parameters Distribution Region and Its Optimization Method for Support Vector Machine with Gaussian Kernel［J］. International Journal of Signal Processing，Image Processing and Pattern Recognition，2013，6（05）：437-446（Ei 检索）.